机器学习的
算法分析和实践

孙健 ◎ 编著

清华大学出版社

北京

内 容 简 介

本书是一本全面介绍机器学习方法特别是算法的新书,适合初学者和有一定基础的读者阅读。

机器学习可以分成三大类别:监督式学习、非监督式学习和强化学习。三大类别背后的算法也各有不同。监督式学习使用了数学分析中函数逼近的方法和概率统计中的极大似然方法;非监督式学习使用了聚类和贝叶斯算法;强化学习使用了马尔可夫决策过程算法。

机器学习背后的数学内容来自概率、统计、数学分析以及线性代数等领域。虽然用到的数学知识较多,但是最快捷的办法还是带着机器学习的具体问题来掌握背后的数学原理。因为线性代数和概率理论使用较多,本书在最后两章集中把重要的一些概率论和线性代数的内容加以介绍,如果有需要的同学可以参考。另外,学习任何知识,动手练习是加深理解的最好方法,所以本书的每一章都配备了习题供大家实践和练习。

图书在版编目(CIP)数据

机器学习的算法分析和实践/孙健编著. —北京:清华大学出版社,2023.10
ISBN 978-7-302-64152-0

Ⅰ.①机… Ⅱ.①孙… Ⅲ.①机器学习－算法分析 Ⅳ.①TP181

中国国家版本馆 CIP 数据核字(2023)第 131906 号

责任编辑:杨迪娜
封面设计:杨玉兰
责任校对:韩天竹
责任印制:杨 艳

出版发行:清华大学出版社
      网 址:http://www.tup.com.cn, http://www.wqbook.com
      地 址:北京清华大学学研大厦 A 座 邮 编:100084
      社 总 机:010-83470000 邮 购:010-62786544
      投稿与读者服务:010-62776969, c-service@tup.tsinghua.edu.cn
      质量反馈:010-62772015, zhiliang@tup.tsinghua.edu.cn
      课件下载:http://www.tup.com.cn, 010-83470236
印 装 者:涿州汇美亿浓印刷有限公司
经 销:全国新华书店
开 本:170mm×240mm 印 张:11.5 字 数:235 千字
版 次:2023 年 10 月第 1 版 印 次:2023 年 10 月第 1 次印刷
定 价:59.00 元

产品编号:098342-01

前　言

以机器学习为核心的人工智能已经渗入人们生活和工作中的各个部分，不但在传统的计算机领域产生了影响，而且正在经济和金融方面产生深远的影响。本书正是笔者在复旦大学经济学院开设的"机器学习"课程中编写的讲义。

很多高校都开设了"机器学习"课程，有些教师把重点放在了代码上，在课程中逐行教学生如何调取函数库中的机器学习代码。而笔者在教学中发现代码虽然重要，但更为重要的是解释清楚机器学习代码背后的算法。一旦从算法上掌握了机器学习，理解代码相对就变得简单和容易了。

笔者编写本书的初衷就是试图用最精炼的篇幅为读者介绍机器学习算法。机器学习可以分成三大类别，即监督式学习、非监督式学习和强化学习。三大类别背后的数学原理各有不同。监督式学习使用了数学分析中的函数逼近方法和概率统计中的极大似然方法；非监督式学习使用了聚类和 EM 算法；强化学习使用了马尔可夫决策过程的想法。这些方法都比较明确地体现在本书中。

本书第 1 章先从多项式逼近的角度引出"什么是机器学习"这个问题。很有意思的是，看似它们之间没有什么关系，但是多项式逼近里面已经包含了很多机器学习中的基本思路和重要特点。接下来介绍了传统的线性回归、逻辑回归、决策树和贝叶斯模型。

在理解了传统的模型以后，开始从理论上介绍了一般优化的方法，为接下来的支持向量机和神经网络模型做好准备。在完成了这些监督式学习的内容以后，介绍了机器学习的一般理论，即 VC 维度的理论。

在非监督式学习中，从主成分分析开始，随后重点介绍了 EM 算法和隐马尔可夫模型。主成分分析模型的核心是线性代数的奇异值分解，而隐马尔可夫模型和概率理论有更大的关联。

在模型的最后一章介绍了强化学习。在理论上，介绍了马尔可夫决策过程、动态规划和随机优化；在实践上，把重点放在了时序差分方法上。

机器学习背后的数学原理包括概率、统计、数学分析以及线性代数等领域。虽然用到的数学原理较多，但是掌握机器学习最快捷的办法还是带着机器学习的具体问题来分析其背后的数学原理。因为线性代数和概率理论使用较多，所以本书在最后两章集中介绍了一些重要的概率论和线性代数的内容，以供读者参考。另外，学习任何知识，动手练习都是最好的加深理解的方法，因此本书的大部分章节都尽量配备了习题供读者进行编程练习。

最后，衷心感谢在本书编写过程中提供帮助的许晓曦、蔡雨清、汤咏仪和杨磊，特别是许晓曦对全书进行了通读和润色。也感谢责任编辑杨迪娜一直对我的鼓励和她对书稿做的耐心细致的编辑修改工作。

孙　健

2023 年 10 月

目　　录

第1章 引 论

1.1 什么是机器学习

"机器学习"这个词听起来似乎很深奥，但完全可以用比较通俗的说法进行描述，其本质就是寻找数据间的关联或者关系。以后我们会逐步展开说明数据之间关联的具体定义，但是直观上说无非是两种，一种是确定性的关系，如函数的对应关系；另一种是不确定的、带有一定概率意义上的或者统计上的关系，比如联合分布、条件分布等。

虽然对机器学习的深入研究需要用到高深的数学和计算机知识，但其实机器学习的具体例子在我们平时的工作和学习中早已应用。小学生经常做的一些数学题目中，特别是找规律的题目，都可以看到机器学习的影子。例如，从下面这些二维数据中找出对应关系，并在问号处填上合适的数字。

$$(1,2),(2,4),(3,6),(4,8),(5,10),(6,?)$$

通常小朋友会填写 12，这就是一个典型的机器学习问题。当我们看到这组数据以后，很快会发现每组数字的第二个是第一个的两倍，从而在给出 6 以后，我们应该填写 12。

再看一个例子，下面序列中的数字是一个一个列出来的

$$1,1,2,3,5,8,13,21,34,55,?$$

通过观察可以发现，前面的若干项正好是斐波那契数列，所以我们可以在最后填写 89。

上述两个问题相对比较容易，但是有些问题就比较困难。例如，给定一个序列，根据前面几项，预测最后一个数字是多少。

$$41,23,9,7,1,3,-1,?$$

仔细观察可以发现，每两项之和都是 2 的幂次，而且幂次依次递减，由此可知应该填写 1。类似的问题我们应该在很多场合都遇到过。除了这些数据题型以外，还有很多图形的对应关系，这里不再一一举例。

总结上述问题，可以归纳抽象出它们共同的要素。给出一组数据，其背后存在一个确定的对应关系，这种关系可能是数组的第一个分量和第二个分量之间的关系，也可能是从第一个数据到第二个数据之间的迭代关系。这些具体关系并不为我们所知，展现在我们面前的只是这些关系的一个表象，给出的数据也只是所

有可能的数据中的一个子集，我们的目标是通过这个子集去了解全貌，从而找到隐藏在背后的对应关系。

下面再用数学语言来叙述机器学习的问题。有两个集合 Ω 和 A，在它们之间有对应关系 $f: \Omega \to A$。这种对应关系通常被称为函数，从而对于 $x \in \Omega$ 有唯一对应的 $f(x) \in A$，但是这个对应关系 f 不为我们所知。为此，我们能够接触到的是全集 Ω 上的一个子集 $S \subset \Omega$，同时每个 $x \in S$ 对应的 $f(x)$ 也已知，即作为数据

$$\{(x, f(x)) : x \in S\}$$

是已知的，但是对应关系的算法描述我们仍然不知道。我们需要通过这组数据（也称为样本数据）试图去寻找本源的对应关系，从而在全集 Ω 中任意给定一个新的 $x \in \Omega$，可以知道对应的 $y = f(x)$。

上述使用函数的数学方法虽然结果令人满意，但是未必满足机器学习所有的问题形式。下面考虑另外一个问题。一个袋子里有很多个球，一部分是红色的球，一部分是黑色的球。分别把球一个一个拿出来，看到颜色以后再放回去。例如，它们分别是红、红、黑、红、黑、黑、红、红。那么下一个拿出来的球应该是红色还是黑色呢？这个问题就带着强烈的概率色彩。如果取球过程充分随机，绝对不可能因为取出来红色和黑色的球就断言所有球的颜色仅仅有红色和黑色，显然什么颜色的球都有可能出现，所以我们仅能在概率的意义上来问取到红色球和黑色球的概率分别是多少。

把这个概率问题用数学语言来叙述就是：有两个随机变量 X, Y，它们的联合分布记为 $p(x, y)$。虽然联合分布没有给出具体形式，但是给出了有限个样本点集 $(x_1, y_1), (x_2, y_2), \cdots, (x_n, y_n)$。我们需要从中学习到联合分布。一旦联合分布给出，就很容易计算边缘分布

$$p(x) = \int_{\mathbb{R}} p(x, y) \mathrm{d}y$$

$$p(y) = \int_{\mathbb{R}} p(x, y) \mathrm{d}x$$

以及对于任意一个 x，对应的是 y 的条件分布

$$p(y|x) = \frac{p(x, y)}{p(x)}$$

经过我们抽象出来的问题，无论是确定性的问题还是统计性的问题，都涉及学习和预测。学习过程可以看成是从样本内找到一定关系；预测过程就是把学习到的关系使用在样本外。

1.2　多项式逼近函数

在基础的数学理论中，也可以找到非常明显的机器学习的影子，那就是函数逼近理论。本节将回顾这个理论并且从机器学习的角度来重新阐述一些重要的原则。

已知有若干有限个一维实数空间的点和在这些点上的函数值，根据这些信息来预测这个函数在其他点的取值。这个传统的数学领域和机器学习的目标非常相似。下面我们用数学语言来精确描述问题。

给出直线上的一个区间 $[0,1]$，有一个实值函数使得

$$f : [0,1] \to \mathbb{R}$$

但是我们不知道这个函数是什么形式。与此同时，给出 $[0,1]$ 区间上的一个离散点集

$$0 < x_1 < x_2 < \cdots < x_n < 1$$

以及一组对应的函数值

$$y_1 = f(x_1), y_2 = f(x_2), \cdots, y_n = f(x_n)$$

我们试图通过这些有限数据推测出原来的函数关系。那么什么样的函数可以精确地给出这种对应关系呢？常见的可以选择多项式。根据多项式理论，任何一个 $n-1$ 次的多项式

$$g(x) = a_{n-1}x^{n-1} + a_{n-2}x^{n-2} + \cdots + a_1 x + a_0$$

使得能够满足对于任何 $0 < i < n$ 有

$$g(x_i) = y_i$$

这个问题就相当于求解一系列的关于多项式系数的线性方程

$$\begin{pmatrix} 1 & x_1 & x_1^2 & \cdots & x_1^{n-1} \\ 1 & x_2 & x_2^2 & \cdots & x_2^{n-1} \\ 1 & \cdots & \cdots & \cdots & \cdots \\ 1 & x_n & x_n^2 & \cdots & x_n^{n-1} \end{pmatrix} \begin{pmatrix} a_0 \\ a_1 \\ \cdots \\ a_{n-1} \end{pmatrix} = \begin{pmatrix} y_1 \\ y_2 \\ \cdots \\ y_n \end{pmatrix}$$

但是因为等号左边的线性矩阵是范德蒙行列式，即

$$D = \prod_{i>j}(x_i - x_j)$$

所以不为零，从而这个线性方程一定是可解的。如果使用 Cramer 法则计算出未

知数, 可以得到

$$g(x) = y_1 \frac{(x - x_2) \cdots (x - x_n)}{(x_1 - x_2) \cdots (x_1 - x_n)} + \cdots + y_n \frac{(x - x_1) \cdots (x - x_{n-1})}{(x_n - x_1) \cdots (x_n - x_{n-1})}$$

也称为拉格朗日插值公式。

虽然拉格朗日插值公式在形式上圆满解决了问题, 但是从图像上看仍然不尽人意, 整条曲线上下振荡, 波动很大。我们可以从下面的事实来理解振荡的原因。如果 $y_i \equiv 0$, 则除了零多项式以外, 任意一个 n 次多项式

$$g(x) = (x - x_1)(x - x_2) \cdots (x - x_n)$$

都满足条件 $g(x_i) = 0$。这个多项式虽然在所有给出的点上都等于零, 但也会在这些 x_i 之间不断地上下振荡。所以可以想象, 使用高次多项式虽然可以完全解决函数的插值问题, 但是得到的函数会不断振荡, 如图 1.1 所示。

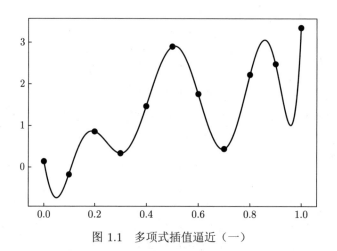

图 1.1　多项式插值逼近 (一)

现在想象这样一个事实。数据之间的关系原本就是一个线性函数, 仅仅因为给出的函数值具有一些误差, 从而破坏了线性性质, 但是为了精准拟合所有函数值, 我们需要用高次多项式函数来插值, 得到的结果也就振荡多次, 从而当我们使用这个函数做预测时, 就会跟原来的线性函数产生较大的误差。这种在给定数据上精确的拟合, 但是在预测数据上产生很大误差的现象可以称为过分拟合。

为了去除过分拟合, 必须放弃精确插值的想法, 以函数逼近的思路取而代之。假定给出函数 $f(x)$, 考虑限定多项式的次数同时逼近该函数。为此, 需要讨论多项式 $g(x)$ 在什么意义下逼近函数 $f(x)$。为了阐述误差, 还需要引进函数之间距离的概念。我们引入两个函数 f, g 之间的距离函数 $L(f, g)$, 假定区间是 $[0, 1]$ 时, 可以定义积分意义下的 L^2 距离

$$L(f, g) = \int_0^1 |f(x) - g(x)|^2 \, \mathrm{d}x$$

最佳逼近问题就成为寻找

$$g(x) = \underset{g(x) \in H}{\mathrm{argmin}} \, L(f, g)$$

在这里，我们限定了一个 n 次多项式的集合 H，在这个集合里面寻找逼近函数 $g(x)$。现在来求解最佳逼近的多项式，令

$$g(x) = a_0 + a_1 x + \cdots + a_n x^n$$

然后求解极值问题

$$\min_{a_i} \int_0^1 \left| f(x) - \sum_{i=0}^n a_i x^i \right|^2 \mathrm{d}x$$

这里借用一下线性空间的概念，特别是希尔伯特空间的知识。如果把所有在区间 $[0,1]$ 上平方可积的函数作为一个空间，n 次多项式构成的空间就是一个子空间。上述问题就成为在这个子空间上寻找一个函数，使其和 $f(x)$ 的距离最小。根据希尔伯特空间的性质可知，这个元素存在，而且和 $f(x)$ 构成的差和子空间上的任何一个元素都垂直。从而得到这里的系数 a_i 具有以下性质

$$\int_0^1 \left(f(x) - \sum_{i=0}^n a_i x^i \right) x^j \, \mathrm{d}x = 0$$

对于每个 j 都成立。那么对于 $0 \leqslant j \leqslant n$，就有

$$\int_0^1 f(x) x^j \, \mathrm{d}x = \sum_{i=0}^n \frac{a_i}{i + j + 1}$$

这个线性方程组的线性系数构成的矩阵称为 Cauchy 矩阵。Cauchy 矩阵构成的行列式值也是正的，所以 Cauchy 矩阵也是可逆的，通过解这个线性方程组，我们可以得到所有的系数。此处值得一提的是，一般的 Cauchy 矩阵的定义为

$$\boldsymbol{D} = |(a_{ij})|$$

其中

$$a_{ij} = (x_i + y_j)^{-1}$$

而 Cauchy 矩阵的行列式为

$$D = \frac{\prod_{i > j} (x_i - x_j)(y_i - y_j)}{\prod_{i,j} (x_i + y_j)}$$

可令 $x_i = i + 1, y_j = j$，从而有

$$D = \frac{\prod_{i>j}(i-j)^2}{\prod_{i,j}(i+j+1)} > 0$$

所以确实是非零，如图 1.2 所示。

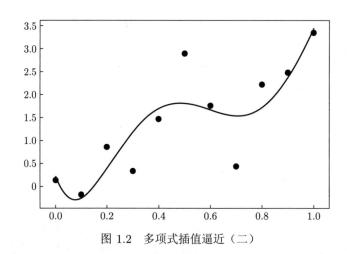

图 1.2   多项式插值逼近（二）

至此，我们发现对于给定的数据

$$(x_1, y_1), (x_2, y_2), \cdots, (x_n, y_n)$$

其中，$x_i \in \mathbb{R}, y_i \in \mathbb{R}$，可以使用任何一个多项式次数 $k \leqslant n - 1$ 来逼近这些数据。当 $k = n - 1$ 时，逼近的误差是零，k 越小，误差越大。但是可以想象，k 越小，过分拟合的现象也越不明显。

1.3 多项式 Remez 算法

前面我们使用 L^2 距离的好处就是在这个定义下，两个函数 f, g 自然定义了一个二次型

$$(f, g) = \int_0^1 f(x)g(x)\mathrm{d}x$$

在这个二次型下面，函数构成了希尔伯特空间。在希尔伯特空间下就可以定义垂直等概念。

除了这个 L^2 距离以外，还可以定义其他的距离，例如，重新定义两个函数的距离为

$$L(f, g) = \max_{x \in (0,1)} |f(x) - g(x)|$$

这个定义称为 L^∞ 距离。在这个距离下，得到的最佳逼近也就有所不同了。一般对于这样的问题，首先要考虑最佳逼近是否存在，其次考虑最佳逼近是否具有特殊的性质。下面的定理回答了这个问题。

定理 1.1　已知连续函数 $f(x)$，一个 n 次多项式函数 $g(x)$ 在 L^∞ 距离下的最佳逼近函数

$$g(x) = \underset{g}{\arg\min}\, L(f, g)$$

存在且应满足以下形式：函数 $f(x) - g(x)$ 满足有 $x_0 < x_1 < \cdots < x_{n+1}$，使得对于每个 $0 \leqslant i \leqslant n+1$，有

$$|f(x_i) - g(x_i)| = |f(x_{i+1}) - g(x_{i+1})| = \max_x |f(x) - g(x)|$$

同时对于每个 $0 \leqslant i \leqslant n$，有

$$\big(f(x_i) - g(x_i)\big) \cdot \big(f(x_{i+1}) - g(x_{i+1})\big) < 0$$

证明　这里先证明满足上述性质的函数必然是最佳逼近。至于存在性的证明，将在定理 1.2 中阐述。假设已经存在函数 $g(x)$，则这个函数是最佳函数。否则，一定有另外一个 n 次多项式函数 $h(x)$ 可以进行更好的逼近。这个函数应满足

$$\max_i |h(x_i) - f(x_i)| < \max |g(x) - f(x)| = |h(x_j) - f(x_j)|$$

因此有

$$|h(x_0) - f(x_0)| < |g(x_0) - f(x_0)|$$

$$|h(x_1) - f(x_1)| < |g(x_1) - f(x_1)|$$

$$\vdots$$

$$|h(x_{n+1}) - f(x_{n+1})| < |g(x_{n+1}) - f(x_{n+1})|$$

不妨假设

$$h(x_0) - f(x_0) < g(x_0) - f(x_0), f(x_1) - h(x_1) < f(x_1) - g(x_1)$$

从而得到

$$h(x_0) < g(x_0), h(x_1) > g(x_1)$$

以此类推，可以看到函数 $h(x) - g(x)$ 作为 n 次多项式，竟然有至少 $n+1$ 个零点，除非 $h(x) = g(x)$。至此，我们就证明了这个定理。　　　　　　　证毕

L^∞ 逼近如图 1.3 所示。

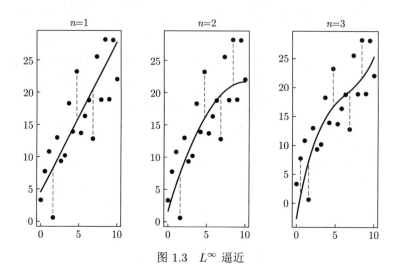

图 1.3　L^∞ 逼近

　　上述定理说明，在多项式的空间中有一个最佳逼近函数。最佳逼近函数应该是一个 n 次多项式，其性质是存在 $n+2$ 个点，这些点距离多项式函数值的差别都一致，且符号逐个相反。例如，使用 4 次多项式，那么就应该有 6 个点 $y_1, y_2, \cdots, y_6$，使得

$$|g(x_i) - f(x_i)| = \max_x |f(x) - g(x)|$$

且 $(g(x_{i-1}) - f(x_{i-1})) \cdot (g(x_i) - f(x_i)) < 0$。

　　定理 1.1 讲述了这个最佳逼近函数的充分条件。但是，并没有说明如何得到这个充分条件。下面介绍 Remez 算法。这个算法可以帮助我们找到这个函数，同时也就证明了这个函数的存在及其必要条件。首先，任意选取一组点

$$x_0 < x_1 < \cdots < x_{n+1}$$

然后求解方程

$$f(x_0) - g(x_0) = \epsilon$$

$$f(x_1) - g(x_1) = -\epsilon$$

$$\vdots$$

$$f(x_{n+1}) - g(x_{n+1}) = (-1)^{n+1}\epsilon$$

上面是一个线性方程组，有 $n+2$ 个方程，同时有 $n+2$ 个未知数。解方程组以

后决定的多项式 $g(x)$ 未必是最佳, 因为有些点如 $\tilde{x}_0$ 上有

$$|f(\tilde{x}_0) - g(\tilde{x}_0)| > \epsilon$$

这时把上述 $\tilde{x}_0$ 点取代其最临近的一个点, 且应保持和该点上函数值的差同样的符号, 再次重复上述步骤。这个步骤不断重复, 得到的 ϵ 也会不断增加逐渐收敛。每次取到的点 x_i 在闭区间上也会不断收敛, 而得到的 $f(x)$ 也会不断收敛到一个 n 次多项式。这个过程就是 Remez 算法。

我们使用的是多项式逼近连续函数的语言, 但是在实际操作中往往针对一组离散的点集, 所以下面在点集是离散的情况下证明 Remez 迭代算法的收敛性, 事实上是迭代算法的有限步就结束性。

定理 1.2 (Remez 算法) Remez 算法一定收敛。在有限个点的情况下, Remez 算法一定在有限步内收敛。

证明 对于 $f(x), g(x)$ 以及 $x_0, x_1, \cdots, x_{n+1}$, 已经满足了以下条件

$$f(x_0) - g(x_0) = \epsilon$$

$$f(x_1) - g(x_1) = -\epsilon$$

$$\vdots$$

$$f(x_{n+1}) - g(x_{n+1}) = (-1)^{n+1}\epsilon$$

但是函数 $g(x)$ 还不是最佳逼近。此时若有点 $\tilde{x}_0$（为了不失一般性, 假设 $x_0 < \tilde{x}_0 < x_1$）满足

$$f(\tilde{x}_0) - g(\tilde{x}_0) = \tilde{\epsilon}$$

而 $\tilde{\epsilon} < \epsilon$, 用 $\tilde{x}_0, x_1, \cdots, x_n$ 来解方程

$$f(\tilde{x}_0) - h(\tilde{x}_0) = \epsilon_1$$

$$f(x_1) - h(x_1) = -\epsilon_1$$

$$\vdots$$

$$f(x_{n+1}) - h(x_{n+1}) = (-1)^{n+1}\epsilon_1$$

得到的 ϵ_1 必然满足 $\epsilon_1 < \epsilon$, 否则 $f(x) - g(x)$ 会在 $\tilde{x}_0, x_1, \cdots, x_{n+1}$ 处变号从而矛盾。如果每次都不能得到最佳逼近, 就有一系列的 ϵ_k 单调递增, 由此得到的 x_i 应该收敛, 但是因为有限集合, 所以有限次以后得到的点必然是固定的, 从而不可再递降。   证毕

通过上面的分析，我们得到几个结论，为了控制过分拟合，需要控制多项式的次数，在限定多项式次数时，在不同距离函数下面，会有不同的最佳逼近。上面两个例子的背后就对应着线性回归和支持向量机。同时 Remez 算法也具有机器学习的想法和特征，即通过不断迭代的方法找到最佳的逼近函数。

习　题

(1) 在计算机上安装 Anaconda 3 版本。在 Spyder 环境下使用 Python。

(2) 自己生成一个定义在 $(0, 10)$ 的线性函数，如

$$f(x) = 2x + 5$$

然后随机从这个区间中选取 20 个点，在这些点上加一些白噪声，如一个均值为 0 的正态分布

$$y_i = 2x_i + 5 + \omega_i$$

这里 $\omega_i \sim N(0, \sigma)$。依次使用 $1, 2, 3, 4, \cdots, 10$ 次多项式，使得

$$L(g) = \sum_{i=1}^{20} \left(y_i - g(x_i) \right)^2$$

达到最小。同时使用不同的 σ 重新计算函数 $g(x)$，并画图观察不同多项式逼近函数的表现。

(3) 在第 (2) 题的基础上，使用

$$L(g) = \sum_{i=1}^{20} \left| y_i - g(x_i) \right|$$

使其达到极小。同时使用不同的 σ 重新计算函数 $g(x)$，并画图观察不同多项式逼近函数的表现。在完成上面两个优化时，可以使用 Python 中的优化函数。

(4) 在第 (2) 题的基础上，使用

$$L(g) = \max_{i=1,2,\cdots,20} \left| y_i - g(x_i) \right|$$

使其达到极小。同时使用不同的 σ 重新计算函数 $g(x)$，并画图观察不同多项式逼近函数的表现。在完成上面两个优化时，可以使用 Python 中的优化函数。

(5) 在第 (2) 题的基础上，用 Remez 算法使得

$$L(g) = \max_{i=1,2,\cdots,20} \left| y_i - g(x_i) \right|$$

达到极小，而不是使用现有的优化函数库。

第 2 章　感知机模型

机器学习可以分成三大类别，即监督式学习、非监督式学习和强化学习。在监督式学习中，除了给出数据，还要给出标签。根据标签，又可以分成分类学习和回归学习两种。处理离散变量往往使用分类模型，处理连续变量往往使用回归模型。本章主要介绍一个在历史上具有里程碑作用的分类学习模型。

机器学习的第一个分类的模型在历史上称为感知机模型。感知机模型是一个监督式分类学习模型。分类问题的标签就是离散的，有时可以简单到两个取值，如 $\{0,1\}$，当然更多的离散标签也是可以的。在实际应用中这种做法很常见。例如，客户的精准画像可以分成若干种；信用卡的申请者可以被分成同意或者拒绝；在金融市场的预测中，市场的下一个阶段可以分成涨或跌。在上述例子中，我们需要给出预测的都是两种或者若干种分类。

为了能够做到这样离散分类，需要对被分类的主体进行来自数据上的刻画。刻画一个主体，可以用一个实数来刻画，这个实数就是一个维度或者一个特征。用一个维度或者特征刻画主体太过简单。为了从更多侧面来描述主体，就需要提取更多特征。这样每个数据就是由这些特征组成的。每个数据都是下面的向量

$$\boldsymbol{x}_1 = (a_{11}, a_{12}, \cdots, a_{1k})$$
$$\boldsymbol{x}_2 = (a_{21}, a_{22}, \cdots, a_{2k})$$
$$\vdots$$
$$\boldsymbol{x}_n = (a_{n1}, a_{n2}, \cdots, a_{nk})$$

每一个数据都对应于 $\mathbb{R}^k$ 空间中的一个点 $\boldsymbol{x}_i \in \mathbb{R}^k, i = 1, 2, \cdots, n$。每个数据具有的分量可以称为特征，所以上述数据就有 k 个特征。除了给出数据，还要给出标签。对应于每一个数据，都有一个标签 y_i，其中 $y_i \in \{-1, 1\}$。这就是一个典型的二分类的机器学习问题。

现在的问题就是寻找 $\mathbb{R}^k$ 空间中的这组点的位置和对应分类产生的对应关系。感知机模型就是为了解决这个问题而产生的。

2.1　分类问题的刻画

首先考虑 $k = 2$ 的情况。在 $\mathbb{R}^2$ 空间中有有限个点，每个点都有两个分量，为了简化记号，将这些点记为

$$\boldsymbol{x}_1, \boldsymbol{x}_2, \cdots, \boldsymbol{x}_n \in \mathbb{R}^k$$

每个点都赋予一个值 $y_i \in \{-1, 1\}$。也可以想象成平面上的这些点被染成两种颜色。其目的就是试图找出最简单的函数来区分这些点。区分点的方法可以使用函数，如 $f(x): \mathbb{R}^n \to \{-1, 1\}$。函数值为 1 的点是一种颜色，函数值为 -1 的点是另外一种颜色。

从使用参数最少的角度来考量，最简单的函数是线性函数，对应的几何形状就是空间中的超平面。下面使用向量和矩阵的语言。在 $\mathbb{R}^k$ 中的向量记为列向量的形式，为了节省空间，也可以使用转置的写法

$$\boldsymbol{w} = (w_1, w_2, \cdots, w_k)^{\mathrm{T}}$$

来表示一个 k 维向量。在空间 $\mathbb{R}^k$ 中的超平面函数是

$$f(x) = \boldsymbol{w}^{\mathrm{T}} \boldsymbol{x} + b$$

其中，$\boldsymbol{w} \in \mathbb{R}^k, b \in \mathbb{R}$。超平面的一边满足 $f(x) > 0$，另一边满足 $f(x) < 0$。所以希望找到一个超平面，即 $\boldsymbol{w}, b$ 满足

$$\mathrm{sign}\left(f(x_i)\right) = \begin{cases} 1, & y_i = 1 \\ -1, & y_i = -1 \end{cases}$$

为了简化计算和符号，可以扩充维数，如果 $\boldsymbol{x}_i$ 是有 k 个分量的向量

$$\boldsymbol{x}_i = (x_{i1}, x_{i2}, \cdots, x_{ik})^{\mathrm{T}}$$

那么添加第一个分量 1 成为

$$\tilde{\boldsymbol{x}}_i = (1, x_{i1}, x_{i2}, \cdots, x_{ik})^{\mathrm{T}} \in \mathbb{R}^{k+1}$$

同样，对于

$$\boldsymbol{w} = (w_1, \cdots, w_n)^{\mathrm{T}}$$

也可以添加一个分量成为

$$\tilde{\boldsymbol{w}} = (b, w_1, \cdots, w_n)^{\mathrm{T}}$$

所以有

$$\boldsymbol{w}^{\mathrm{T}} \boldsymbol{x} + b = \tilde{\boldsymbol{w}}^{\mathrm{T}} \tilde{\boldsymbol{x}}$$

在达到这个共识以后，可以忽略掉新的记号，还是沿用旧的记号来表达新的内容。

现在的目的是找出合适的 $\boldsymbol{w}$，使得线性函数

$$f(x) = \mathrm{sign}(\boldsymbol{w}^{\mathrm{T}} \boldsymbol{x})$$

可以区分开平面上的点集，即对于每个 i，都有

$$\text{sign}(\boldsymbol{w}^{\mathrm{T}}\boldsymbol{x}_i) = y_i$$

如果这个问题可以得到解决，就需要一个基础假设，可以假设这些点集本来就在一个超平面的两边，那么问题就归结于如何找到这个超平面。

数学上的存在性是解决问题的前提，但是我们更关心在实际操作中的算法问题。算法问题可归结为：给出一个有限的、在平面（二维）或者空间（高维）可分的点集，如何在有限步骤之内找到这个超平面。

为此，可以尝试迭代方法。下面来回顾几种使用迭代方法求解的经典问题。

对于一个连续函数 $f(x) : [a; b] \to \mathbb{R}$，如果 $f(a)f(b) < 0$，那么根据中间值定理一定有 $c \in (a; b)$，使得 $f(c) = 0$。为了实际寻找这个零点，可以采用二分法。

另外一个例子是关于连续函数的收缩映像定理。如果一个函数 $f : \mathbb{R} \to \mathbb{R}$ 满足 $|f(x) - f(y)| < \lambda |x - y|$，那么一定有一个点满足 $f(x) = x$。这个点称为不动点。为了得到这个点，可以使用

$$x_{n+1} = f(x_n)$$

来进行迭代，最终会收敛到所需要的不动点上。

又如利用牛顿法求解函数的零点，其迭代方式为

$$x_{n+1} = x_n - \frac{f(x_n)}{f'(x_n)}$$

在一定条件下也可以逐渐收敛到所需要的函数零点上。

这些方法都使得计算机在不断更新的过程中逐渐得到一个我们希望得到的解。所以机器学习的一些方法也是通过不断迭代以期达到学习的目的。

回到本节的问题，先从一个超平面开始，这意味着有了一个 $\boldsymbol{w}$，超平面就是 $f(x) = \boldsymbol{w}^{\mathrm{T}}\boldsymbol{x}$。如果分类已经完全正确，那么对于每个 i 都有 $\text{sign}(\boldsymbol{w}^{\mathrm{T}}\boldsymbol{x}_i) = y_i$。否则，至少有一个 n 使得 $\text{sign}(\boldsymbol{w}^{\mathrm{T}}\boldsymbol{x}_n) \neq y_n$。例如，$\boldsymbol{w}^{\mathrm{T}}\boldsymbol{x}_n > 0$，但 $y_n = -1$。这样 $\boldsymbol{w}' = \boldsymbol{w} - \boldsymbol{x}_n$ 作为超平面就会把 $\boldsymbol{x}_n$ 试图拉到超平面负面的一侧。又如 $\boldsymbol{w}^{\mathrm{T}}\boldsymbol{x}_n < 0$，但 $y_n = 1$，这样 $\boldsymbol{w}' = \boldsymbol{w} + \boldsymbol{x}_n$ 作为新的超平面就会把 $\boldsymbol{x}_n$ 试图拉到超平面正面的一侧。所以 $\boldsymbol{w}' = \boldsymbol{w} + y_n\boldsymbol{x}_n$ 就会同时满足上面两种情况。

一般来讲，从任意的一个 $\boldsymbol{w}_0$ 开始，如果这个点已经正确完成分类，那么我们就有了结果。如果有一个 k 使得

$$\text{sign}(\boldsymbol{w}^{\mathrm{T}}\boldsymbol{x}_n) \neq y_n$$

成立，则迭代的方式如下

$$\boldsymbol{w}_{n+1} = \boldsymbol{w}_n + y_n\boldsymbol{x}_n$$

然后持续更新 $\boldsymbol{w}$，直到最后完成所有正确的分类为止。

定理 2.1 如果这些点本来就是可以区分的，那么上述算法必然会在有限步骤内结束。

证明 可以从两个方面来看 $\boldsymbol{w}_n$ 的增长。一方面，因为序列更新

$$\boldsymbol{w}_{n+1} = \boldsymbol{w}_n + y_n \boldsymbol{x}_n \tag{2.1}$$

其中 n 满足 $(\boldsymbol{w}_n^{\mathrm{T}} \boldsymbol{x}_n) y_n < 0$，所以有

$$|\boldsymbol{w}_{n+1}|^2 = |\boldsymbol{w}_n|^2 + |\boldsymbol{x}_n|^2 + 2 y_n \boldsymbol{w}_n^{\mathrm{T}} \boldsymbol{x}_n$$

考虑到 $y_n \boldsymbol{w}_n^{\mathrm{T}} \boldsymbol{x}_n < 0$，从而有常数使得

$$|\boldsymbol{w}_n|^2 \leqslant |\boldsymbol{x}_n|^2 + |\boldsymbol{x}_{n-1}|^2 + \cdots + |\boldsymbol{x}_0|^2 \leqslant nA$$

其中 A 是正实数，可以选为所有 $|\boldsymbol{x}_i|^2$ 的上界。

另一方面，因为有向量 $\boldsymbol{w}^*$ 可以区分平面上的点，所以将式 (2.1) 等号两边同时和 $\boldsymbol{w}^*$ 做内积，得到

$$\boldsymbol{w}_n^{\mathrm{T}} \boldsymbol{w}^* = \boldsymbol{w}_{n-1}^{\mathrm{T}} \boldsymbol{w}^* + y_n \boldsymbol{x}_n^{\mathrm{T}} \boldsymbol{w}^*$$

又因为有 $y_n \boldsymbol{x}_n^{\mathrm{T}} \boldsymbol{w}^* > 0$，所以有

$$nC + D \leqslant |\boldsymbol{w}_n^{\mathrm{T}} \boldsymbol{w}^*| \leqslant |\boldsymbol{w}_n^{\mathrm{T}}| |\boldsymbol{w}^*|$$

其中，C 可以选择为所有 $y_n \boldsymbol{x}_n^{\mathrm{T}} \boldsymbol{w}^*$ 中最小的正值。从上面两个不等式可以看到

$$nC + D \leqslant |\boldsymbol{w}^*| \sqrt{nA}$$

从而可以得到这样的 n 一定是有限的，无法持续更新下去。这就说明一定会在某一步终止，最后达到完全可分状态。   证毕

上面是为了简化记号而做出的算法和证明。现在来看不简化记号时，迭代算法应该是什么样子。回到样本点

$$(x_1, y_1), (x_2, y_2), \cdots, (x_n, y_n)$$

其中 $\boldsymbol{x}_i \in \mathbb{R}^k$，且 $y_i \in \{-1, 1\}$。目标是寻找 $\boldsymbol{w} \in \mathbb{R}^k$ 和 $b \in \mathbb{R}$，使得

$$y_i (\boldsymbol{w}^{\mathrm{T}} \boldsymbol{x}_i + b) > 0$$

其迭代算法是先选择初始值 $\boldsymbol{w}_0 \in \mathbb{R}^k, b_0 \in \mathbb{R}$，假设在选择了 $\boldsymbol{w}_n \in \mathbb{R}^k, b_n \in \mathbb{R}$ 以后，有 $\boldsymbol{x}_n$ 使得

$$y_n (\boldsymbol{w}_n^{\mathrm{T}} \boldsymbol{x}_n + b) < 0$$

那么有

$$\boldsymbol{w}_{n+1} = \boldsymbol{w}_n + y_n \boldsymbol{x}_n$$

$$b_{n+1} = b_n + y_n$$

这个过程就是不简化记号的迭代过程。

感知机模型迭代收敛如图 2.1 所示。

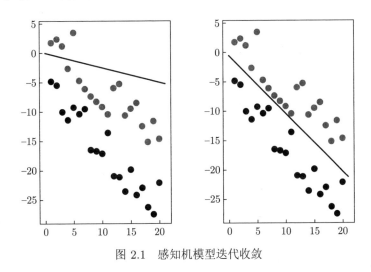

图 2.1　感知机模型迭代收敛

感知机的模型算法是可以加强的，在后面会看到各种加强的探索。但无论如何，这个简单算法都让我们看到了机器学习的基本想法，那就是不断地优化探索，直到找到最优或者局部最优的算法为止。

2.2　线性规划

线性规划是最基本的优化问题，灵活运用线性规划在工作中非常重要。下面对本书经常使用的符号问题进行说明。对于具有若干分量的两个向量 a, b，当 $a \leqslant b$ 时，表明 a 的每个分量都不大于对应 b 的分量；当 $a \geqslant 0$ 时，表明 a 的每个分量都是非负值；当 $a \leqslant 0$ 时，表明 a 的每个分量都是非正值。

为了更好地理解线性规划，下面将列出欧几里得空间中的超平面和半空间相关定义。

定义 2.1　对于给定的 $w \in \mathbb{R}^k, a \in \mathbb{R}$, 定义的空间 $\mathbb{R}^k$ 的一个超平面是集合

$$H_a = \{x | w^\mathrm{T} x = a\}$$

超平面分割的空间称为半空间。任意一个半空间的表示如下

$$S_a^+ = \{x | w^\mathrm{T} x > a, w \in \mathbb{R}^k\}$$

$$S_a^- = \{x | w^\mathrm{T} x < a, w \in \mathbb{R}^k\}$$

在空间中的半空间和超平面都属于一种更加广泛的集合。这种集合就是凸集的概念。

定义 2.2　在空间 $\mathbb{R}^k$ 中的一个区域 Ω 称为凸集，如果满足任意 $x, y \in \Omega$，就有 $\lambda x + (1 - \lambda)y \in \Omega$ 对于所有 $0 < \Omega < 1$ 都成立。

定义 2.3　在空间 $\mathbb{R}^k$ 中的多面体就是有限个半空间的交集。

$$P = \{\boldsymbol{x} | \boldsymbol{A}\boldsymbol{x} \leqslant \boldsymbol{b}\}$$

其中，$\boldsymbol{A}$ 是 $m \times n$ 的矩阵，$\boldsymbol{b}$ 是 n 维向量，所以 P 事实上是由 m 个半空间相交构成。

任何一个欧几里得空间的区域都有内点和边界点的区分。内点的定义是指该点的任意一个邻域内都有区域的其他点。而边界点的任何邻域都有属于这个区域的点，也有不属于这个区域的点。对于多面体，不仅可以定义内点、边界点，还可以将其区分得更加细致。接下来要讨论的多面体都是闭集合。

定义 2.4　如果点 x 不能表示成为多面体 P 上两个不同的点的线性组合，则在这个多面体 P 上的点 x 称为极端点。

例如，在二维空间中，由若干半平面的交集构成一个凸多边形，这时，极端点就是这个多边形的顶点。无论是这个凸多边形的内点还是非顶点的边界点，都不是极端点。同理，可以定义极端方向。

定义 2.5　在一个多面体 P 上的向量 $\boldsymbol{d}$ 称为一个方向，如果有点 $x \in P$，使得 $x + \lambda\boldsymbol{d} \in P$ 对所有 $\lambda > 0$ 都成立。

例如，在二维空间中，如果若干半平面的交集是一个点和从这个点出发的两条射线构成的角度，那么从这个点出发的在角度内的直线都构成了方向。

定义 2.6　如果一个多面体 P 上的方向 $\boldsymbol{d}$ 不能表示为两个方向的线性组合形式，我们就将其称为一个极端方向。

由上面的例子可知，从一个点出发的两条射线的夹角部分构成的凸集的极端方向就是两条射线方向。在这些定义下，可以从线性组合的角度来理解多面体内每个点的表示。正如三角形内的每个点都可以表示为三角形三个顶点的线性组合一样，这个性质对于一个空间的多面体也是成立的。

定理 2.2　任何多面体 P 上的一个点 x 都有

$$x = \sum_{i=1}^{n} \lambda_i x_i + \sum_{j=1}^{m} \mu_j d_j$$

其中，$\lambda_i, \mu_j > 0$，x_i 都是极端点，d_j 都是极端方向，且

$$\sum_{i=1}^{n} \lambda_i = 1$$

上述定理的证明并不困难，在任何一本凸分析的书籍中都应该有介绍。如果一个多面体是有界的，根据定义一定没有极端方向，从而有界多面体 P 上的一个点 x 退化成为

$$x = \sum_{i=1}^{n} \lambda_i x_i$$

其中，x_i 是极端点，且

$$\sum_{i=1}^{n} \lambda_i = 1, \lambda_i \geqslant 0$$

对于一个线性函数 $f(x) = \boldsymbol{a}^{\mathrm{T}} \boldsymbol{x} + b, \boldsymbol{a} \in \mathbb{R}^k, b \in \mathbb{R}$，在多面体的点 x 上的表示必然有

$$f(x) = \sum_{i=1}^{n} \lambda_i f(x_i)$$

其中，λ_i 都是极端点。所以这个函数必然在极端点上达到最大或者最小。

有了上述准备工作，现在就可以陈述线性规划及其对偶问题。线性规划是最基础也是最重要的优化线性函数的方法。一般有一组实变量

$$x_1, x_2, \cdots, x_n$$

根据需求，会面临下面的问题。在满足下面的一组关于 x_i 的约束条件下

$$a_{11}x_1 + a_{12}x_2 + \cdots + a_{1n}x_n \leqslant b_1$$
$$\vdots \qquad\qquad\qquad\qquad \vdots$$
$$a_{k1}x_1 + a_{k2}x_2 + \cdots + a_{kn}x_n \leqslant b_k$$

需要优化函数

$$z = \max_x (a_1 x_1 + a_2 x_2 + \cdots + a_n x_n)$$

因为约束条件是线性的，而优化的函数也是线性的，所以称为线性规划。使用矩阵和向量的语言可以表述如下：$\boldsymbol{a} \in \mathbb{R}^n$ 是一个固定向量，$\boldsymbol{z} \in \mathbb{R}^n$ 是参变量，$\boldsymbol{A}$ 是一个 $m \times n$ 的矩阵，$\boldsymbol{b} \in \mathbb{R}^m$，考虑下面的带有约束的优化问题

$$\begin{cases} \min_z \boldsymbol{a}^{\mathrm{T}} \boldsymbol{z} \\ \text{subject } \boldsymbol{A}\boldsymbol{z} \leqslant \boldsymbol{b} \end{cases}$$

其中，$\boldsymbol{A}\boldsymbol{z} \leqslant \boldsymbol{b}$ 是指对于向量的每个分量都成立。对于线性规划的一般描述，满足约束条件 $\boldsymbol{A}\boldsymbol{z} \leqslant \boldsymbol{b}$ 的点 $\boldsymbol{z}$ 未必存在，如果存在，则是一个可行解。

　　线性规划的解如果存在，应该在多面体的极端顶点上寻找。在求解数值时要寻求高效的方法。

　　一般线性规划问题是可以利用软件包求解的，线性规划问题的解可以转化为凸优化问题，因为线性的约束条件构成的区域还是凸性的区域。为了进一步理解线性规划并叙述线性规划的对偶问题，现在列出线性规划的典范形式。通过增加一些变量把任意一个 x 表示为 $x = x^+ - x^-$，其中

$$x^+ = \frac{|x| + x}{2}, \quad x^- = \frac{|x| - x}{2}$$

在线性规划中的变量都可以看成是正值，从而典范形式可以写为

$$\begin{cases} \max_{x} \boldsymbol{a}^{\mathrm{T}}\boldsymbol{x} = \boldsymbol{z} \\ \text{subject } \boldsymbol{A}\boldsymbol{x} \leqslant \boldsymbol{b} \\ \text{subject } \boldsymbol{x} \geqslant 0 \end{cases}$$

其中，$\boldsymbol{x} \geqslant \boldsymbol{0}$ 表示任何一个分量都是非负值。写成上述形式后，就可以陈述其对偶问题，对偶问题的陈述也是一个线性规划，其形式为

$$\begin{cases} \min_{y} \boldsymbol{b}^{\mathrm{T}}\boldsymbol{y} = \boldsymbol{w} \\ \text{subject } \boldsymbol{y}^{\mathrm{T}}\boldsymbol{A} \geqslant \boldsymbol{a}^{\mathrm{T}} \\ \text{subject } \boldsymbol{y} \geqslant 0 \end{cases}$$

关于原问题和其对偶问题之间的关系，有以下一系列定理。

　　定理 2.3　　如果原问题有任意可行解 $\boldsymbol{x}$，使得 $z = \boldsymbol{a}^{\mathrm{T}}\boldsymbol{x}$，对偶问题有可行解 $\boldsymbol{y}$，使得 $w = \boldsymbol{b}^{\mathrm{T}}\boldsymbol{y}$，那么 $z \leqslant w$ 成立。

　　证明　　这是因为 $z = \boldsymbol{a}^{\mathrm{T}}\boldsymbol{x} \leqslant \boldsymbol{y}^{\mathrm{T}}\boldsymbol{A}\boldsymbol{x} \leqslant \boldsymbol{y}^{\mathrm{T}}\boldsymbol{b}$。　　　　　　　　　　证毕

　　定理 2.4　　如果原问题是无上界的，那么对偶问题没有可行解。如果对偶问题是无下界的，那么原问题没有可行解。

　　证明　　上面的不等式即证明了这一点。　　　　　　　　　　　　证毕

最后是原问题和对偶问题的一致性定理。

　　定理 2.5　　如果原问题和对偶问题都有可行解，同时解也是有界的，那么 $z = w$。

这个定理的证明也可以在一般线性规划教科书中找到。其实这个定理是一般的 Minimax 定理的特殊形式。

至此，线性规划的核心问题都已经陈述完毕。线性规划不但可以解决上面的问题，也可以解决一些表面的非线性函数问题。例如

$$\begin{cases} \min_{\boldsymbol{z}} |\boldsymbol{a}^{\mathrm{T}}\boldsymbol{z}| \\ \text{subject } \boldsymbol{A}\boldsymbol{z} \leqslant \boldsymbol{b} \end{cases}$$

也可以转换为标准的线性规划问题。首先将上面的问题转换为

$$\begin{cases} \min_{\boldsymbol{x}} |\boldsymbol{x}| \\ \text{subject } \boldsymbol{A}\boldsymbol{z} \leqslant \boldsymbol{b} \\ \text{subject } \boldsymbol{a}^{\mathrm{T}}\boldsymbol{z} = \boldsymbol{x} \end{cases}$$

其次，对于任意实数 x 都有 $u, v \geqslant 0$，使得

$$x = (u-v)/2, \quad |x| = (u+v)/2$$

现在可以把上面的问题最终转换为

$$\begin{cases} \min_{u,v} \dfrac{1}{2}(u+v) \\ \text{subject } \boldsymbol{a}^{\mathrm{T}}\boldsymbol{z} = (u-v)/2 \\ \text{subject } \boldsymbol{A}\boldsymbol{z} \leqslant \boldsymbol{b} \\ \text{subject } u, v \geqslant 0 \end{cases}$$

这就成了一个典型的线性规划问题。

使用线性回归也可以解决感知机的分类问题。从本质上说，是为了寻找 $y_i(\boldsymbol{w}^{\mathrm{T}}\boldsymbol{x}_i) > 0$ 的解。如果存在一个 $\boldsymbol{w}$ 使得对任意 i 都有 $y_i(\boldsymbol{w}^{\mathrm{T}}\boldsymbol{x}_i^{\mathrm{T}}) > 0$，那么一定可以重新归一化，使得必然存在一个 $\boldsymbol{w}$，满足

$$y_i \boldsymbol{w}^{\mathrm{T}} \boldsymbol{x}_i \geqslant 1$$

所以线性规划问题就成为一个没有目标函数，只有约束条件的问题。可以使用矩阵写法，令矩阵

$$\boldsymbol{B} = \begin{pmatrix} y_1\boldsymbol{x}_1^{\mathrm{T}} \\ y_2\boldsymbol{x}_2^{\mathrm{T}} \\ \vdots \\ y_n\boldsymbol{x}_n^{\mathrm{T}} \end{pmatrix}, \quad \boldsymbol{l} = \begin{pmatrix} 1 \\ 1 \\ \vdots \\ 1 \end{pmatrix}$$

约束条件最终为

$$-Bw \leqslant -l$$

的标准形式,使用标准线性规划算法就可以得到解答。

　　在上一节中感知机处理的问题是在点集完全可分的情况下提出的,但通常情况下,点集不是完全可分的,如图 2.2 所示。在点集不完全可分时,目标显然不能是使损失函数为零。

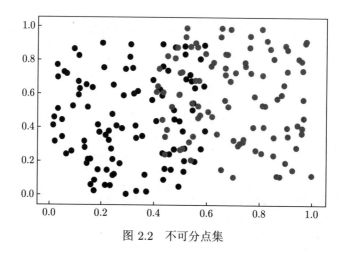

图 2.2　不可分点集

　　为此,需要改进目标函数。不能要求处处满足 $y_i(\boldsymbol{w}^{\mathrm{T}}\boldsymbol{x}_i) \geqslant 1$,但可以尝试满足

$$y_i(\boldsymbol{w}^{\mathrm{T}}\boldsymbol{x}_i) \geqslant 1 - \xi_i$$

其中,$\xi_i \geqslant 0$。这样的 ξ_i 虽然存在,但可能不唯一。而且 ξ_i 越大,得到的超平面就越没有意义。在所有的 ξ_i 中,其绝对值应尽可能小。这样就可以形成一个新的问题

$$\begin{cases} \min\limits_{\boldsymbol{w},\xi_i} \sum\limits_{i=1}^{n} \xi_i \\ \text{subject } y_i(\boldsymbol{w}^{\mathrm{T}}\boldsymbol{x}_i) \geqslant 1 - \xi_i \\ \text{subject } \xi_i \geqslant 0 \end{cases}$$

为了转换为标准形式,还要使用矩阵语言。把向量 $\boldsymbol{w}$ 和 $\boldsymbol{\xi}$ 联合在一起成为一个维数更大的向量,同时使用上面定义的矩阵 $\boldsymbol{B}$,约束条件就可以写为

$$\begin{pmatrix} \boldsymbol{B}_{n \times k} & \boldsymbol{I}_{n \times n} \\ \boldsymbol{0}_{n \times k} & \boldsymbol{I}_{n \times n} \end{pmatrix} \begin{pmatrix} \boldsymbol{w} \\ \boldsymbol{\xi} \end{pmatrix} \geqslant \begin{pmatrix} \boldsymbol{l} \\ \boldsymbol{0} \end{pmatrix}$$

目标函数可以写为

$$\min_{\boldsymbol{w},\boldsymbol{\xi}}\begin{pmatrix}\boldsymbol{0}&\boldsymbol{l}^{\mathrm{T}}\end{pmatrix}\begin{pmatrix}\boldsymbol{w}\\\boldsymbol{\xi}\end{pmatrix}$$

这里的零矩阵是一个 $1\times k$ 的向量。

　　至此，空间中不同颜色点集的分类问题便可以得到圆满解答。一种方法是使用感知机的逐步迭代，另一种方法是调用线性规划。其实，在线性规划的实现过程中也是通过逐步迭代来找到最优解的。以后还会采用其他的办法来解决分类问题，如逻辑回归、朴素贝叶斯估计等。

习　　题

　　(1) 生成 20 个在 $\mathbb{R}^2$ 中的数据，并显示这些数据，同时显示最初的分割线，然后运行迭代算法，观察收敛情况。不可分点集如图 2.3 所示。

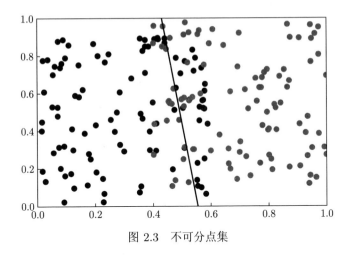

图 2.3　不可分点集

　　(2) 生成 100 个数据，并显示这些数据，同时显示最初的分割线，然后运行迭代算法，观察收敛情况。

　　(3) 生成 1000 个数据，并显示这些数据，同时显示最初的分割线，然后运行迭代算法，观察收敛情况。

　　(4) 生成 1000 个在 $\mathbb{R}^{10}$ 中的数据，然后运行迭代算法，观察收敛情况。

　　(5) 修改迭代过程

$$\boldsymbol{w}_{n+1}=\boldsymbol{w}_n+\eta(y_n-\boldsymbol{w}_n^{\mathrm{T}}\boldsymbol{x}_n)\boldsymbol{x}_n$$

重新完成上面的问题。

（6）在平面 $\mathbb{R}^2$ 上列出 200 个点（或者若干点），其中 100 个点聚在一个区域，另外 100 个点聚在另一个区域，但在中间互有相交。使用线性规划的方法找出一个分类的超平面。

（7）线性规划中对于分类问题的优化函数的设定是否有问题？是否可以重新改变优化函数，使得分类更加有意义？

（8）计算分类的错误度或者损失函数。给出点集 $(x_1, y_1), (x_2, y_2), \cdots, (x_n, y_n)$，其中，$\boldsymbol{x}_i \in \mathbb{R}^k, y_i \in \{-1, 1\}$。定义

$$\boldsymbol{A} = \{i | y_i(\boldsymbol{x}_i^{\mathrm{T}} \boldsymbol{w} + \boldsymbol{b}) < 0\}$$

那么错误度或者损失函数就是 $|\boldsymbol{A}|/n$。如果优化的目标是使这个错误度最小，试利用 Python 的优化包重新设计算法，寻找 $\boldsymbol{w} \in \mathbb{R}^k$，使得上述损失达到最小，并观察这种方法的优缺点。

（9）利用命令

```
from sklearn import datasets
from sklearn.datasets import load_breast_cancer
sklearn.datasets.load_breast_cancer
data = load_breast_cancer()
```

调取数据，同时对数据进行分类，完成 Breast Cancer 的诊断。

（10）使用给出的 Default of Credit Card 数据来进行分析，试做出分类。

第3章 线 性 回 归

在监督式机器学习中，当标签是连续变量时，其方法往往称为回归方法，而标签是离散变量时，其方法称为分类。

本章介绍的是线性回归方法。线性回归可以归结到线性空间的 L^2 距离最小化的问题，也称为最小二乘法。线性回归方法简单自然，应用广泛。在机器学习中，它虽然是一个线性方法，但是有效防范了过分拟合，是很多问题都可以采纳的方法。

本章在阐述线性回归方法的同时，也用这个方法来阐述样本内外误差的相互关系，从而帮助理解机器学习的核心问题。

3.1 最小二乘法原理

在监督式学习的模式下，给出样本内的一组数据，总共有 n 个数据点，每个数据点都由数据和标签组成，即

$$(\boldsymbol{x}_1, y_1), (\boldsymbol{x}_2, y_2), \cdots, (\boldsymbol{x}_n, y_n)$$

其中，$\boldsymbol{x}_i \in \mathbb{R}^k$ 代表了具有 k 个特征的数据，$y_i \in \mathbb{R}$ 代表了连续变量的标签。寻找线性函数，使得

$$f(x) = \boldsymbol{w}^{\mathrm{T}} \boldsymbol{x} + \boldsymbol{b} = \boldsymbol{x}^{\mathrm{T}} \boldsymbol{w} + \boldsymbol{b}$$

在 L^2 意义下逼近原来的函数，即让

$$\sum_{i=1}^{n} |\boldsymbol{x}_i^{\mathrm{T}} \boldsymbol{w} + \boldsymbol{b} - y_i|^2$$

达到最小，其中，参数 $\boldsymbol{w} \in \mathbb{R}^k, \boldsymbol{b} \in \mathbb{R}$。如果使用扩展的向量

$$\tilde{\boldsymbol{x}}_i = (1, \boldsymbol{x}_i^{\mathrm{T}})^{\mathrm{T}}, \quad \tilde{\boldsymbol{w}} = (\boldsymbol{b}, \boldsymbol{w}^{\mathrm{T}})^{\mathrm{T}}$$

那么就可以使用简化的符号，而不需要引进单独的常数 $\boldsymbol{b}$。从而优化问题就变为

$$\min \sum_{i=1}^{n} |\boldsymbol{x}_i^{\mathrm{T}} \boldsymbol{w} - y_i|^2$$

然后使用矩阵的语言，令 $\boldsymbol{X}$ 是一个 $n \times k$ 的矩阵，$\boldsymbol{w}$ 是一个 $k \times 1$ 的向量，$\boldsymbol{y}$ 是一个 n 维向量，有

$$X = \begin{pmatrix} \boldsymbol{x}_1^{\mathrm{T}} \\ \boldsymbol{x}_2^{\mathrm{T}} \\ \vdots \\ \boldsymbol{x}_n^{\mathrm{T}} \end{pmatrix}, \quad \boldsymbol{w} = \begin{pmatrix} w_1 \\ w_2 \\ \vdots \\ w_k \end{pmatrix}, \quad \boldsymbol{y} = \begin{pmatrix} y_1 \\ y_2 \\ \vdots \\ y_n \end{pmatrix}$$

采用线性代数中矩阵乘法的写法可以把上述问题重新表述为

$$\sum_{i=1}^{n} |\boldsymbol{x}_i^{\mathrm{T}}\boldsymbol{w} + \boldsymbol{b} - y_i|^2 = |\boldsymbol{X}\boldsymbol{w} - \boldsymbol{y}|^2$$

展开可得

$$f(w) = (\boldsymbol{w}^{\mathrm{T}}\boldsymbol{X}^{\mathrm{T}} - \boldsymbol{y}^{\mathrm{T}})(\boldsymbol{X}\boldsymbol{w} - \boldsymbol{y}) = \boldsymbol{w}^{\mathrm{T}}\boldsymbol{X}\boldsymbol{X}^{\mathrm{T}}\boldsymbol{w} - \boldsymbol{y}^{\mathrm{T}}\boldsymbol{X}\boldsymbol{w} - \boldsymbol{w}^{\mathrm{T}}\boldsymbol{X}^{\mathrm{T}}\boldsymbol{y} + \boldsymbol{y}^{\mathrm{T}}\boldsymbol{y}$$

根据本书最后一章线性代数基础内容可知，此函数 $f(w)$ 如果取到极小值，其梯度函数就可以通过将上式右边对 $\boldsymbol{w}$ 求导得到，即

$$\nabla f(w) = 2\boldsymbol{X}\boldsymbol{X}^{\mathrm{T}}\boldsymbol{w} - 2\boldsymbol{X}^{\mathrm{T}}\boldsymbol{y} = 0$$

从而最小值在

$$\boldsymbol{X}\boldsymbol{X}^{\mathrm{T}}\boldsymbol{w} = \boldsymbol{X}^{\mathrm{T}}\boldsymbol{y}$$

取得，所以有

$$\boldsymbol{w} = (\boldsymbol{X}^{\mathrm{T}}\boldsymbol{X})^{-1}\boldsymbol{X}^{\mathrm{T}}\boldsymbol{y}$$

这样，对于任意由给出点集构成的矩阵 $\boldsymbol{X}$，都有

$$\tilde{\boldsymbol{y}} = \boldsymbol{X}(\boldsymbol{X}^{\mathrm{T}}\boldsymbol{X})^{-1}(\boldsymbol{X}^{\mathrm{T}}\boldsymbol{y})$$

作为原来 $\boldsymbol{y}$ 的 L^2 的最佳逼近。

在上述推导过程中，其实用到了以下两个梯度的计算方法

$$f(w) = \boldsymbol{w}^{\mathrm{T}}\boldsymbol{x}, \quad g(w) = \boldsymbol{w}^{\mathrm{T}}\boldsymbol{\Omega}\boldsymbol{w}$$

那么就有梯度的计算

$$\nabla_w f = \boldsymbol{x}, \quad \nabla_w g = 2\boldsymbol{\Omega}\boldsymbol{w}$$

读者也可以自行验证。

线性回归的效果如图 3.1所示。

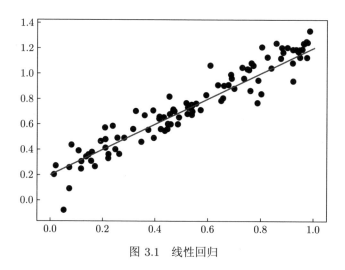

图 3.1　线性回归

3.2　多元高斯分布模型

除了前面从几何的角度（或者说从 L^2 损失函数）看线性回归算法的逻辑，还可以从概率统计的角度看线性回归算法的逻辑。给出一组数据 $D = \{x_1, x_2, \cdots, x_n\}$ 和对应的标签 $\boldsymbol{y}_1, \boldsymbol{y}_2, \cdots, \boldsymbol{y}_n$，寻找一个线性函数 f，使得余项

$$\boldsymbol{\epsilon}_i = \boldsymbol{y}_i - f(x_i)$$

看上去类似白噪声，从而相互独立，而且满足同样一个正态分布 $N(0, \sigma^2)$。这里的 $f(x_i) = \boldsymbol{w}^{\mathrm{T}} \boldsymbol{x}_i + \boldsymbol{b}$。正态分布 $N(0, \sigma^2)$ 的密度函数为

$$h(x) = \frac{1}{\sqrt{2\pi}\sigma} \mathrm{e}^{-\frac{x^2}{2\sigma^2}}$$

所以，这些独立同分布的噪声的密度函数为

$$l(w) = \prod_{i=1}^{n} \frac{1}{\sqrt{2\pi}\sigma} \mathrm{e}^{-\frac{(\boldsymbol{y}_i - e^{\mathrm{T}} \boldsymbol{x}_i - \boldsymbol{b})^2}{2\sigma^2}}$$

根据概率统计中的极大似然估计，希望估计参数 $\boldsymbol{w}$ 使得上述密度函数值为最大，从而计算

$$\log l(\boldsymbol{w}, \boldsymbol{\epsilon}_1, \cdots, \boldsymbol{\epsilon}_n) = \sum_{i=1}^{n} -\frac{(\boldsymbol{y}_i - \boldsymbol{w}^{\mathrm{T}} \boldsymbol{x}_i - \boldsymbol{b})^2}{2\sigma^2} - n \log \sigma - n \log(\sqrt{2\pi})$$

显然

$$\operatorname*{argmax}_{\boldsymbol{w}} \log l(\boldsymbol{w}, \boldsymbol{\epsilon}_1, \cdots, \boldsymbol{\epsilon}_n) = \operatorname*{argmin}_{\boldsymbol{w}} \sum_{i=1}^{n} (\boldsymbol{y}_i - \boldsymbol{w}^{\mathrm{T}} \boldsymbol{x}_i - \boldsymbol{b})^2$$

所以，极大化密度函数就相当于做极小化，即

$$\min_{\boldsymbol{w}} \sum_{i=1}^{n} (\boldsymbol{y}_i - \boldsymbol{w}^{\mathrm{T}} \boldsymbol{x}_i - \boldsymbol{b})^2$$

可以看到极大似然方法和最小二乘法的统一性。

使用极大似然方法还可以进一步推广最小二乘法的表示公式。如果要求

$$\boldsymbol{\epsilon}_i = \boldsymbol{y}_i - f(\boldsymbol{x}_i)$$

不一定是独立同分布，而是满足联合正态分布，其协方差矩阵为 $\boldsymbol{\varOmega}$，那么所有 $\boldsymbol{\epsilon}_i$ 的密度函数为

$$\frac{1}{(\sqrt{2\pi|\boldsymbol{\varOmega}|})^n} \mathrm{e}^{-\frac{(\boldsymbol{y} - \boldsymbol{x}^{\mathrm{T}}\boldsymbol{w})^{\mathrm{T}}\boldsymbol{\varOmega}^{-1}(\boldsymbol{y} - \boldsymbol{X}^{\mathrm{T}}\boldsymbol{w})}{2}}$$

再根据极大似然估计，得到

$$\min_{\boldsymbol{w}} \left(\boldsymbol{y} - \boldsymbol{X}^{\mathrm{T}}\boldsymbol{w}\right)^{\mathrm{T}} \boldsymbol{\varOmega}^{-1} \left(\boldsymbol{y} - \boldsymbol{X}^{\mathrm{T}}\boldsymbol{w}\right) \tag{3.1}$$

其解为

$$\boldsymbol{w} = \boldsymbol{A} \left(\boldsymbol{A}^{\mathrm{T}}\boldsymbol{\varOmega}^{-1}\boldsymbol{A}\right)^{-1} \boldsymbol{A}^{\mathrm{T}}\boldsymbol{\varOmega}^{-1}\boldsymbol{y} \tag{3.2}$$

3.3　误差和方差

在上述线性回归方法中可以看到，通过给出的一组数据 $x_1, x_2, \cdots, x_n$ 决定了一个数据格式的矩阵 $\boldsymbol{X}$，而且这个矩阵连同其转置，就得到线性回归意义下的最佳逼近

$$\tilde{\boldsymbol{y}} = \boldsymbol{X} \left(\boldsymbol{X}^{\mathrm{T}}\boldsymbol{X}\right)^{-1} \boldsymbol{X}^{\mathrm{T}}\boldsymbol{y}$$

显然在矩阵 $\boldsymbol{X}$ 是方阵且可逆时，有

$$\boldsymbol{X} \left(\boldsymbol{X}^{\mathrm{T}}\boldsymbol{X}\right)^{-1} \boldsymbol{X}^{\mathrm{T}} = \boldsymbol{X}\boldsymbol{X}^{-1}\boldsymbol{X}^{\mathrm{T}} \left(\boldsymbol{X}^{\mathrm{T}}\right)^{-1} = \boldsymbol{I}$$

$\boldsymbol{I}$ 为单位矩阵，从而 $\tilde{\boldsymbol{y}} = \boldsymbol{y}$，所以最佳逼近本身没有任何误差。在其他情况下，最佳线性逼近会产生误差。上述等式中的矩阵 $\left(\boldsymbol{X}^{\mathrm{T}}\boldsymbol{X}\right)^{-1} \boldsymbol{X}^{\mathrm{T}}$ 称为"伪逆"矩阵。一般来讲，如果 $\boldsymbol{X}$ 是一个 $n \times k$ 的矩阵，且

$$\boldsymbol{H} = \boldsymbol{X} \left(\boldsymbol{X}^{\mathrm{T}}\boldsymbol{X}\right)^{-1} \boldsymbol{X}^{\mathrm{T}}$$

则有下列性质：

(1) $\boldsymbol{H}$ 是一个对称矩阵。

(2) $\boldsymbol{H}^k = \boldsymbol{H}$ 对于任意正整数 k 都成立。

(3) $(\boldsymbol{I} - \boldsymbol{H})^k = \boldsymbol{I} - \boldsymbol{H}$ 成立。

(4) 有 $\mathrm{Tr}(\boldsymbol{H}) = k$。

下面简单加以证明。首先，因为

$$
\begin{aligned}
\boldsymbol{H}^{\mathrm{T}} &= \left(\boldsymbol{X}\left(\boldsymbol{X}^{\mathrm{T}}\boldsymbol{X}\right)^{-1}\boldsymbol{X}^{\mathrm{T}}\right)^{\mathrm{T}} \\
&= \boldsymbol{X}\left(\left(\boldsymbol{X}^{\mathrm{T}}\boldsymbol{X}\right)^{-1}\right)^{\mathrm{T}}\boldsymbol{X}^{\mathrm{T}} \\
&= \boldsymbol{X}\left(\boldsymbol{X}^{\mathrm{T}}\boldsymbol{X}\right)^{-1}\boldsymbol{X}^{\mathrm{T}} = \boldsymbol{H}
\end{aligned}
$$

所以，$\boldsymbol{H}$ 是一个对称矩阵。其次，因为

$$
\boldsymbol{H}^2 = \boldsymbol{X}\left(\boldsymbol{X}^{\mathrm{T}}\boldsymbol{X}\right)^{-1}\boldsymbol{X}^{\mathrm{T}}\boldsymbol{X}\left(\boldsymbol{X}^{\mathrm{T}}\boldsymbol{X}\right)^{-1}\boldsymbol{X}^{\mathrm{T}} = \boldsymbol{X}\left(\boldsymbol{X}^{\mathrm{T}}\boldsymbol{X}\right)^{-1}\boldsymbol{X}^{\mathrm{T}} = \boldsymbol{H}
$$

所以，$\boldsymbol{H}$ 是一个幂等矩阵。从而有

$$
(\boldsymbol{I} - \boldsymbol{H})^2 = \boldsymbol{I} - 2\boldsymbol{H} + \boldsymbol{H}^2 = \boldsymbol{I} - \boldsymbol{H}
$$

所以，$\boldsymbol{I} - \boldsymbol{H}$ 也是幂等矩阵。最后来看矩阵 $\boldsymbol{H}$ 的迹。

$$
\mathrm{Tr}(\boldsymbol{H}) = \mathrm{Tr}\left(\boldsymbol{X}\left(\boldsymbol{X}^{\mathrm{T}}\boldsymbol{X}\right)^{-1}\boldsymbol{X}^{\mathrm{T}}\right) = \mathrm{Tr}\,\boldsymbol{I}_k = k
$$

这里利用了线性代数中的一个性质，即 $\mathrm{Tr}\,AB = \mathrm{Tr}\,BA$。下面来考虑样本内外的区别问题。例如，整个样本由

$$
(x_1, y_1), (x_2, y_2), \cdots, (x_n, y_n)
$$

这 n 个点组成。其中所有的 $\boldsymbol{x}_i$ 已经固定，但是标签 $\boldsymbol{y}$ 按照一定正态分布构成随机变量。假设从数据到标签都是由函数 $f(x_i) = \boldsymbol{x}_i^{\mathrm{T}}\boldsymbol{w}$ 所生成的，但是数据产生过程中具有相对独立的白噪声。有一些样本内的数据，如给出的

$$
(x_1, y_1), (x_2, y_2), \cdots, (x_n, y_n)
$$

如果数据本身具有一定的噪声，即 $\boldsymbol{y}_i$ 是满足下面关系的随机变量

$$
y_i = \boldsymbol{x}_i^{\mathrm{T}}\boldsymbol{w} + \boldsymbol{\epsilon}_i
$$

同样利用矩阵的语言，可以写成 $\boldsymbol{y} = \boldsymbol{X}\boldsymbol{w} + \boldsymbol{\epsilon}$，其中 $\boldsymbol{\epsilon} \sim N(0, \sigma^2)$，是独立的白噪声。因为看不到没有噪声的数据，所以只能通过带有噪声的数据得到新的逼近值

$$
\begin{aligned}
\tilde{\boldsymbol{y}} &= \boldsymbol{X}\left(\boldsymbol{X}^{\mathrm{T}}\boldsymbol{X}\right)^{-1}\boldsymbol{X}^{\mathrm{T}}\boldsymbol{y} \\
&= \boldsymbol{X}\left(\boldsymbol{X}^{\mathrm{T}}\boldsymbol{X}\right)^{-1}\boldsymbol{X}^{\mathrm{T}}(\boldsymbol{X}\boldsymbol{w} + \boldsymbol{\epsilon}) \\
&= \boldsymbol{X}\boldsymbol{w} + \boldsymbol{H}\boldsymbol{\epsilon}
\end{aligned}
$$

显然，这个新的逼近函数在样本内的误差函数为

$$\tilde{y} - y = (H - I)\epsilon$$

如果选择平方和作为损失函数，则有 $(\tilde{y} - y)^2 = \epsilon^{\mathrm{T}}(H - I)\epsilon_0$。当抽样选取样本点时，可以计算期望，即

$$E(\tilde{y} - y)^2 = \frac{1}{n}E\left(\epsilon^{\mathrm{T}}(H - I)\epsilon\right)^2 = \left(1 - \frac{k}{n}\right)\sigma^2$$

这就是在线性回归算法中样本内的期望损失函数。通过该表达式可以看到，当数据 n 增加时，误差增加；当特征 k 增加时，误差减少。

下面考虑在样本外的误差。对于任何随机的一组数据，其中

$$(x_1, y_1 + \epsilon_1'), (x_2, y_2 + \epsilon_2'), \cdots, (x_n, y_n + \epsilon_n')$$

这里的噪声 ϵ' 和样本内的噪声 ϵ 是独立的。逼近函数和真实函数的损失函数为

$$\frac{1}{n}E\left(H\epsilon + \epsilon'\right)^2 = \left(1 + \frac{k}{n}\right)\sigma^2$$

这就是机器学习线性回归样本外的损失函数。比较样本内的损失函数和样本外的损失函数，可以发现，随着样本点的增加，样本内的损失函数在增加，而样本外的损失函数在减少。一般来讲，给定一组数据集合 D，可以学习到的最佳假设记为 $f_D(x)$。如果真实函数为 $f(x)$，那么它们之间的差 $f(x) - f_D(x)$ 则是一个随着 D 变化而变化的量。如果针对所有的 D 求均值，且记为

$$\bar{f}(x) = E_D f_D(x)$$

那么，其样本外的损失函数可以得到分解，即

$$E_D E_x \left(f(x) - f_D(x)\right)^2 = E_x \left(f_D(x) - \bar{f}(x)\right)^2 + (f(x) - \bar{f}(x))^2$$

其中，第一项描述了方差，第二项描述了误差。方差描述的是学习到的函数对于样本的敏感程度，而误差反映了学习的平均水平对于原始函数的偏离程度。一般情况下，随着样本点的增加，方差会增加，误差会减少。假设空间的复杂程度也有影响，当空间的自由度增加时，方差会增加，误差会减少；相反，自由度减少时，方差会减少，但误差会增加。

3.4 岭回归和 Lasso 回归

在线性回归的解中，我们成功地使用了线性代数的手段，并且得到了一组闭形式的解的表达式。但是，在这个表达式中有两个值得注意的地方。第一，给出的每个数据都对最后回归的系数产生了影响；第二，在表达式中出现了类似

$(\boldsymbol{X}^{\mathrm{T}}\boldsymbol{X})^{-1}$ 这样的逆矩阵。所以，当给出的数据有一些是明显的极端值时，这些值都会对最后回归的超平面产生影响。

为了消除这些影响，可以考虑在做回归的同时要求回归的超平面具有一定的正则性质。这些正则性质表现在其系数不能太大。在不考虑正则性的要求时，损失函数为

$$\min_{\boldsymbol{w}}|\boldsymbol{X}\boldsymbol{w}-\boldsymbol{y}|^2$$

但考虑到正则性的要求，可以将问题优化为

$$\min_{\boldsymbol{w}}\left(|\boldsymbol{X}\boldsymbol{w}-\boldsymbol{y}|^2+\lambda|\boldsymbol{w}|^2\right)$$

其中，λ 为正实数。当 λ 很大时，优化主要集中在后一项上；当 λ 较小时，优化主要集中在前一项上；当 $\lambda=0$ 时，优化和普通的回归没有区别。岭回归的求解并不困难，下面进行简单推导。还是使用线性代数的语言，将优化的目标函数展开为

$$\left(\boldsymbol{w}^{\mathrm{T}}\boldsymbol{X}^{\mathrm{T}}-\boldsymbol{y}^{\mathrm{T}}\right)\left(\boldsymbol{X}\boldsymbol{w}-\boldsymbol{y}\right)+\lambda\boldsymbol{w}^{\mathrm{T}}\boldsymbol{w}=\boldsymbol{w}^{\mathrm{T}}\left(\boldsymbol{X}\boldsymbol{X}^{\mathrm{T}}+\lambda\boldsymbol{I}\right)\boldsymbol{w}-\boldsymbol{y}^{\mathrm{T}}\boldsymbol{X}\boldsymbol{w}-\boldsymbol{w}^{\mathrm{T}}\boldsymbol{X}^{\mathrm{T}}\boldsymbol{y}+\boldsymbol{y}^{\mathrm{T}}\boldsymbol{y}$$

其中，$\boldsymbol{I}$ 为单位矩阵。对 $\boldsymbol{w}$ 求导数，可以得到

$$\left(\boldsymbol{X}\boldsymbol{X}^{\mathrm{T}}+\lambda\boldsymbol{I}\right)\boldsymbol{w}=\boldsymbol{X}^{\mathrm{T}}\boldsymbol{y}$$

从而得到岭回归的解为

$$\boldsymbol{w}=\left(\boldsymbol{X}\boldsymbol{X}^{\mathrm{T}}+\lambda\boldsymbol{I}\right)^{-1}\boldsymbol{X}^{\mathrm{T}}\boldsymbol{y}$$

当然，除了使用 $|\boldsymbol{w}|^2$ 来约束回归的系数以外，还可以尝试使用其他的量来达到同样的约束。例如，使用 $|\boldsymbol{w}|_{L^1}$ 来达到同样的效果。其中

$$|\boldsymbol{w}|_{L^1}=|\boldsymbol{w}_1|+|\boldsymbol{w}_2|+\cdots+|\boldsymbol{w}_k|$$

这样，优化问题就变为

$$\min_{\boldsymbol{w}}\left(|\boldsymbol{X}\boldsymbol{w}-\boldsymbol{y}|^2+\lambda|\boldsymbol{w}|_{L^1}\right)$$

不同于岭回归，该优化问题没有简单的闭形式解。通过一些推导，特别是关于凸函数的对偶特征，上述优化问题可以被验证等同于一个二次优化问题。这个回归称为 Lasso 回归。

最后再从另外一个角度来看岭回归。如果给出的数据本身是带有误差的，例如用 $\boldsymbol{x}_i$ 来代表样本内的数据，但真正样本内的数据是 $\tilde{\boldsymbol{x}}_i=\boldsymbol{X}_i+\boldsymbol{\epsilon}_i$，其中带有独立的白噪声 $\boldsymbol{\epsilon}_i$。用矩阵表示为

$$\boldsymbol{X}=\tilde{\boldsymbol{X}}+\boldsymbol{\epsilon}$$

此时最小二乘法的目标是

$$\min_{\boldsymbol{w}} |(\boldsymbol{X} + \boldsymbol{\epsilon})\boldsymbol{w} - \boldsymbol{y}|^2$$

因为上述表达式带有随机变量 $\boldsymbol{\epsilon}$，所以应取其期望，即

$$\min_{\boldsymbol{w}} E\left(|(\boldsymbol{X} + \boldsymbol{\epsilon})\boldsymbol{w} - \boldsymbol{y}|^2\right) = \min_{\boldsymbol{w}} \boldsymbol{w}^{\mathrm{T}} \boldsymbol{X} \boldsymbol{X}^{\mathrm{T}} \boldsymbol{w} + \boldsymbol{w}^{\mathrm{T}} \boldsymbol{\Omega} \boldsymbol{w} - 2\boldsymbol{w}^{\mathrm{T}} \boldsymbol{X} \boldsymbol{y}$$

其中，$\boldsymbol{\Omega}$ 是由 ϵ_i 构成的协方差矩阵，最简单的可以取 $\lambda \boldsymbol{I}$ 这样的对角矩阵。对上述问题进行优化，可以得到

$$\boldsymbol{w} = \left(\boldsymbol{X} \boldsymbol{X}^{\mathrm{T}} + \boldsymbol{\Omega}\right)^{-1} \boldsymbol{X} \boldsymbol{y}$$

而这也就等价于岭回归。

习　　题

(1) 自行使用一些数据编写线性回归的算法，并且比较和调取软件包的线性回归的异同。调取软件包见下面或者其他的软件包（建议自行在网上查找）。

```
from sklearn.linear_model import LinearRegression
```

(2) 对于金融市场数据，请下载股票在某个时间点的行业、估值、市值，并针对未来一个月的收益率进行线性回归。

第4章 逻辑回归

逻辑回归因为历史原因被称为回归，但其本质是分类。逻辑回归处理的数据标签是离散型的。逻辑回归的理论依据为极大似然估计原则，所以它和前面的感知机模型不同。逻辑回归和线性回归虽然处理的数据类型不同，依据的方法也不同，但它们也有相同之处，即假设空间的基本函数都是线性函数。逻辑回归在线性函数的假设基础上复合了一个一元的非线性函数。逻辑回归也是神经网络模型的一个缩影。

4.1 逻辑回归概述

线性回归针对的问题是其输出的结果为连续性变量。针对分类问题，其输出的结果为离散变量，所以无法直接使用线性回归的办法。例如，一个典型的回归问题，给定一组数据

$$(x_1, y_1), (x_2, y_2), \cdots, (x_n, y_n)$$

其中 $\boldsymbol{x}_i \in \mathbb{R}^k$，但 $y_i \in \{-1, 1\}$ 为两个点的离散变量。如何选取函数空间以及损失函数成为解决问题的核心。首先来看损失函数，因为 $\boldsymbol{y}_i$ 取值为离散型，所以不能使用

$$l(\boldsymbol{w}) = \sum_{i=1}^{n}(y_i - \boldsymbol{w}^{\mathrm{T}}\boldsymbol{x}_i)^2$$

接下来采用概率论的思维研究这个问题。假设对于两个随机变量 (X, Y)，它们之间有联合分布 $p(x, y)$，其中 Y 取值两个点。给出独立随机抽样的样本

$$(x_1, y_1), (x_2, y_2), \cdots, (x_n, y_n)$$

试计算条件概率分布函数 $p(y|x)$。从条件概率的公式可知，这等价于计算 $p(y = 0|x), p(y = 1|x)$ 两个函数。如果令

$$f(x) = p(y = 0|x)$$

则当 $y = 1$ 时，有

$$1 - f(x) = p(y = 1|x)$$

使用一个关于 x 的函数来判别 y 的取值，可以看成是一个判别模型。这点有别

于后面会讲到的生成模型。显然，满足这样条件的函数应满足 $0 \leqslant f(x) \leqslant 1$，另外，足够光滑的函数应该使得应用更加方便。为此，假设一个函数形式兼顾线性以及作为概率分布函数介于 $0 \sim 1$ 且足够光滑的约束。考虑一个把实数映射到 $(0,1)$ 之间的函数

$$\sigma(y) = \frac{1}{1 + \mathrm{e}^y}$$

复合上一个线性函数 $y = \boldsymbol{w}^{\mathrm{T}}\boldsymbol{x} + b$，就有

$$g(x) = \frac{1}{1 + \mathrm{e}^{-(\boldsymbol{w}^{\mathrm{T}}\boldsymbol{x}+b)}}$$

这个函数可以看成一个概率

$$P(y_i = 1 | x_i) = g(x_i)$$

$$P(y_i = -1 | x_i) = 1 - g(x_i)$$

为了简化记号，还是采取升维的方法，那么就可以省略 $\boldsymbol{b}$，从而写成

$$g(x) = \frac{1}{1 + \mathrm{e}^{-\boldsymbol{w}^{\mathrm{T}}\boldsymbol{x}}}$$

这样，所有样本的密度函数就是

$$l(w) = \prod_{i=1}^{n} g(x_i)^{y_i} (1 - g(x_i))^{1-y_i}$$

再一次应用极大似然估计的想法，使得希望求解

$$w_0 = \underset{w}{\operatorname{argmax}} \prod_{i=1}^{n} g(x_i)^{y_i} (1 - g(x_i))^{1-y_i}$$

或者在定义损失函数为 $-l(w)$ 以后，化为极小化损失函数的问题。对上述问题求解，首先可以用对数函数做变换，即

$$\log l(w) = \sum_{i=1}^{n} \left(y_i \log g(x_i) + (1 - y_i) \log(1 - g(x_i)) \right)$$

但是，这个函数的极值是没有办法用闭形式解来给出的，所以只能求助于数值方法。这个函数表达不是 w 的一次函数，从而不可能使用线性规划方法求解，也不是二次函数，所以也不可能使用二次规划方法求解，但是可以使用梯度下降法来求解这个优化问题。

　　另外，既然让 Y 取值为 $\{-1, 1\}$，同时定义

$$P(y_i = 1 | x_i) = g(x_i) = \frac{1}{1 + \mathrm{e}^{-w \cdot x}}$$

$$P(y_i = -1 | x_i) = 1 - g(x_i) = \frac{1}{1 + \mathrm{e}^{w \cdot x}}$$

对于这个特殊形式的函数，有

$$1 - \frac{1}{1 + \mathrm{e}^{-w \cdot x}} = \frac{1}{1 + \mathrm{e}^{w \cdot x}}$$

所以当 y_i 取 $\{-1, 1\}$ 时，也可以看成目标是

$$w_0 = \underset{w}{\mathrm{argmax}} \prod_{i=1}^{n} g(y_i x_i)$$

　　线性回归和逻辑回归都是使用线性的函数作为假设函数。线性回归有简单闭形式的解，但是逻辑回归没有简单闭形式的解，所以必须使用数值方法解答。最简单的数值方法就是梯度下降法，该方法在以后会进行介绍。重点是这里有待优化的损失函数是个凸函数，所以最小值存在并且唯一，并不会有神经网络常见的局部极小值的情况。

　　当得到了 $f(x) = P(y|x)$ 以后，该如何分类呢？直观的办法是，如果 $f(x) > 0.5$，则分类 $y = 1$，但是有 $1 - f(x)$ 的概率为 $y = -1$。下面进行更严格的证明。

　　假设正确的概率函数是 $f(x)$，即

$$P(y = 1 | x) = f(x)$$

定义

$$y = \begin{cases} 1 & f(x) > \dfrac{1}{2} \\[2mm] -1 & f(x) < \dfrac{1}{2} \end{cases}$$

显然对于这个分类方法，如果 $f(x) > 0.5$，则分类 $y = 1$，但是有 $1 - f(x)$ 的概率为 $y = 0$，从而错误率是 $1 - f(x)$。反之，如果 $f(x) < 0.5$，则判断 $y = -1$，但是有 $f(x)$ 的概率为 $y = 1$。所以，无论 $f(x)$ 是多少，错误率都是

$$\min \big(f(x), 1 - f(x) \big)$$

现在，如果有任何一个关于 x 的分类函数，根据函数判断 $y = -1$ 时，总有 $f(x)$ 的可能性为 $y = 1$，同理，当判断 $y = 1$ 时，总有 $1 - f(x)$ 的可能性为 $y = -1$。所以，无论分类函数是多少，错误率不是 $f(x)$ 就是 $1 - f(x)$。显然，这样的错误率比起 $\min \big(f(x), 1 - f(x) \big)$ 来得大，因此上述判断是最优的。

4.2　多重分类线性模型和非线性模型

逻辑回归的模型可以在两个方面加以扩展，一个是从二分类到多分类，另一个是从线性模型到非线性模型。先介绍多分类模型。在点集二分类的情况下，有逻辑回归，在点集需要多分类时，例如，点集需要分成三类或者更多，应该怎么办呢？根据前面在二分类时的想法，当需要多分类时，需要的是多个 $\boldsymbol{w}$。例如，有点集

$$(x_1, y_1), (x_2, y_2), \cdots, (x_n, y_n)$$

其中，$y_i \in \{0, 1, 2, \cdots, m-1\}$。其目标是寻找 $\boldsymbol{w}_1, \boldsymbol{w}_2, \cdots, \boldsymbol{w}_{m-1}$，使得对 $j = 1, 2, \cdots, m-1$，有

$$P(y=j|x) = \frac{\mathrm{e}^{\boldsymbol{w}_j^{\mathrm{T}} x}}{1 + \sum_{i=1}^{m-1} \mathrm{e}^{\boldsymbol{w}_i^{\mathrm{T}} x}} \tag{4.1}$$

从而

$$P(y=0|x) = \frac{1}{1 + \sum_{i=1}^{m-1} \mathrm{e}^{\boldsymbol{w}_i^{\mathrm{T}} x}}$$

最后得到似然函数为

$$l(w) = \left(\prod_{l=1}^{m-1} \prod_{y_j=l} \frac{\mathrm{e}^{\boldsymbol{w}_j^{\mathrm{T}} x}}{1 + \sum_{i=1}^{m-1} \mathrm{e}^{\boldsymbol{w}_i^{\mathrm{T}} x}} \right) \left(\prod_{y_j=0} \frac{1}{1 + \sum_{i=1}^{m-1} \mathrm{e}^{\boldsymbol{w}_i^{\mathrm{T}} x}} \right) \tag{4.2}$$

同样，这个优化问题也需要采用数值的方法求解。

下面介绍从线性模型到非线性模型的扩展。平面上有两组点，一组点 A 在单位圆以外布满，一组点 B 在单位圆以内布满，如图 4.1所示。现在需要区分这两种点，显然线性是不可能分开的。

但是，如果考虑一个变换

$$\phi(x_1, x_2) = x_1^2 + x_2^2$$

那么，这两组点在该变换下的像集 $\phi(A)$ 及 $\phi(B)$ 在一维直线上就可以被线性区分开来。因此，在使用线性区分方法之前，做非线性变换有时是必需的。在 $\mathbb{R}^2$ 情

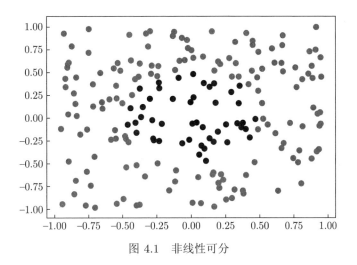

图 4.1 非线性可分

况下，给出点 (x_1, x_2)，可以使用下面的变换 $f : \mathbb{R}^2 \to \mathbb{R}^6$

$$f(x_1, x_2) = (1, x_1, x_2, x_1^2, x_1 x_2, x_2^2)$$

然后使用 $\mathbb{R}^6$ 中的逻辑回归帮助寻找待分类点集中的非线性关系。但是，当非线性关系更为复杂时，可能需要进一步的变换，$f : \mathbb{R}^2 \to \mathbb{R}^1 0$

$$f(x_1, x_2) = (1, x_1, x_2, x_1^2, x_1 x_2, x_2^2, x_1^3, x_1^2 x_2, x_1 x_2^2, x_2^3)$$

从而可以把三次的关系寻找出来。如果非线性关系是更高次数的，显然映射就要包含更多项数。添加非线性项在逻辑回归和线性回归中都是可以的。在后面的支持向量机一章中，可以通过定义核函数的方法统一把非线性的项添加到模型里面。

习　　题

(1) 即便针对分类问题，也可以尝试使用线性回归的方法。下面使用线性回归的方法：

(a) 调取软件包见下面或者其他的软件包（建议自行网上查找）。

```
from sklearn.linear_model import  LinearRegression
```

(b) 使用闭形式的解来编写线性回归。

针对平面的分类问题（针对不可区分点的问题）使用线性回归方法得到分类的直线。

(2) 使用 Python 的 Optimizer 或者 Minimizer 的优化函数库编写逻辑回归算法，重新针对以前的平面点集分类问题做出分类，并比较和以往分类的区别。

(3) 使用梯度下降法编写逻辑回归算法, 重新针对以前的平面点集分类问题做出分类，并比较和以往分类的区别。

(4) 学会调用逻辑回归的软件包重新针对以前的各分类问题做出分类，并比较和以往分类超平面的区别。

```
from sklearn.linear_model import LogisticRegression
```

(5) 使用附件中的 bank marketing dataset 阅读文件说明，并做出分类。

(6) 重新针对 default of credit card clients 使用新的方法，做出分类。

(7) 在 Python 环境下，使用

```
from sklearn import datasets
digits = datasets.load_digits()
```

获取书写数字数据库，并使用（可以考虑两两）分类方法来达到分类的目的，计算错误率。

(8) 学会调取岭回归和 Lasso 回归的软件包。使用两种新的回归方法对以上书写数据库进行分类，并比较结果。

(9) 逻辑回归可用于金融市场的预测，使用一些金融数据预测第二天的涨跌情况。

第 5 章　决策树模型

在前面的模型中，根据数据和标签的特点有下面两种：一种是数据连续，标签也连续，可以考虑回归的方法；另一种是数据连续，标签离散，可以考虑感知机或者逻辑回归的分类方法。但是，如果数据离散，标签也离散，似乎线性回归和逻辑回归都不是很好用，这就是本章所讲的决策树可以解决的问题。决策树模型依赖的核心算法是信息熵的概念，而且决策树模型很容易在样本内过拟合，所以使用决策树时一定要注意控制一定的参数，避免过拟合。

5.1　离散型数据

表 5.1 是对 14 个人所做的统计。每个人有若干标签，其中每个标签都是离散型的。这些数据包括是否超过 30 岁、收入是高是低、是否是学生等特征，而买计算机是最后的标签。

表 5.1　离散数据

Index	超过 30	收入	学生	信用	买计算机
1	0	高	否	好	0
2	0	高	否	优	0
3	1	高	否	好	1
4	1	中	否	好	1
5	1	低	是	好	1
6	1	低	是	优	0
7	1	低	是	优	1
8	0	中	否	好	0
9	0	低	是	好	1
10	1	中	是	好	1
11	0	中	是	优	1
12	1	中	否	优	1
13	1	高	是	好	1
14	1	中	否	优	0

所以，在这个数据集合中可以看到，每个人都有 4 个特征和 1 个标签，但特征都是离散的。离散的特征可以取两个值，也可以取三个值甚至更多的值。我们希望找到一种关系，从离散特征取值的组合中预测出最后的标签。

从单一特征可以发现，收入高、中、低对应的标签有买也有不买，单纯从这个单一特征似乎无法得到解答。再看是否是学生这个特征，是学生的有买入计算机的，也有不买计算机的，所以单纯从这个特征也无法决定。再来看信用特征，优秀的信用和一般信用也无法单独和标签找到联系。最后回到年龄特征，虽然年龄无法单独决定是否买计算机，但年龄这一列是否超过 30 岁和最后标签有比较强的相关性。

从这些特点可以提炼出一些想法。在一个离散型数据中，如果能够找到一个单独决定标签的特征再好不过，如果不能，就只能寄希望于各个特征的组合来决定标签。例如，年龄超过 30 岁、收入中等、不是学生、信用一般对应的标签就是买入计算机。如何在任意一个组合关系中确定标签成为决策树要解决的问题。

下面介绍决策树的一般算法。首先，决策树模型是一个分类模型。样本内的数据可以表示为

$$(x_1, y_1), (x_2, y_2), \cdots, (x_n, y_n)$$

其中，每个 x_i 都取 m 个分量，即

$$x_i = (x_{i1}, x_{i2}, \cdots, x_{im})$$

因为是分类模型，标签假定只取两个值，如 $y_i = \{-1, 1\}$。使用列表的形式来表达这些数据，如表 5.2所示。

表 5.2　决策树

X_1	X_2	$\cdots$	X_m	Y
0	1	$\cdots$	0	1
1	0	$\cdots$	0	1
$\vdots$	$\vdots$	$\vdots$	$\vdots$	$\vdots$
1	1	$\cdots$	1	0

决策树模型，顾名思义，其目标就是建立一棵树，由节点和连边构成，从而构成数学里面的一个图。每个节点分为根节点和叶节点两种。根节点负责特征分类，叶节点是所有的分类结果。从树的顶端一直沿着每个树的分支到最下端的叶节点。所以，分类树建立的最终目标就是解决如何选择根节点的问题。用树的形式来表达如图 5.1所示。

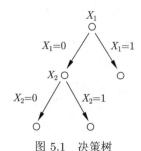

图 5.1　决策树

5.2 熵和决策树的建立

既然有很多特征可供选择，那么在每个根节点选取哪个特征就成为一个问题。为此，需要考虑信息熵的概念。在离散随机变量情况下，考虑两个随机变量 X, Y。随机变量 X 取值为 $x_i, i = 1, 2, \cdots, n$，而随机变量 Y 取值为 $y_j, j = 1, 2, \cdots, m$。使用简单符号，随机变量 X 的密度概率为 $p(x_i)$，随机变量 Y 的密度概率为 $p(y_j)$，随机变量 X, Y 的联合分布密度概率为 $p(x_i, y_j)$，最后条件概率分布密度函数为 $p(x_i|y_j)$。可以定义信息熵为

$$H(X) = -\sum_{i=1}^{n} p(x_i) \log p(x_i)$$

而条件熵为

$$H(X|Y) = -\sum_{j=1}^{m} \sum_{i=1}^{n} p(y_j) p(x_i|y_j) \log p(x_i|y_j)$$

利用贝叶斯公式，可以继续推导为

$$\begin{aligned}
H(X|Y) &= -\sum_{j=1}^{m} \sum_{i=1}^{n} p(y_j) p(x_i|y_j) \log p(x_i|y_j) \\
&= -\sum_{j=1}^{m} \sum_{i=1}^{n} p(x_i, y_j) \log p(x_i|y_j) \\
&= -\sum_{j=1}^{m} \sum_{i=1}^{n} p(x_i, y_j) \log \frac{p(x_i, y_j)}{p(y_j)}
\end{aligned}$$

最后，两者的差别就是

$$\begin{aligned}
H(X) - H(X|Y) &= \sum_{i=1}^{n} \sum_{j=1}^{m} p(x_i, y_j) \log \frac{p(x_i, y_j)}{p(y_j)} - \sum_{i=1}^{n} p(x_i) \log p(x_i) \\
&= \sum_{i=1}^{n} \sum_{j=1}^{m} p(x_i, y_j) \log \frac{p(x_i, y_j)}{p(x_i) p(y_j)}
\end{aligned}$$

上式可以定义为给定 Y 以后对 X 的信息增益。显然，这个表达是关于 x_i, y_j 对称的，所以

$$I(X, Y) = H(X) - H(X|Y) = H(Y) - H(Y|X)$$

再次将凸函数不等式应用在上面的信息增益中，则有

$$I(X,Y) = \sum_{i=1}^{n} \sum_{j=1}^{m} p(x_i, y_j) \log \frac{p(x_i, y_j)}{p(x_i)p(y_j)}$$

$$= -\sum_{i=1}^{n} \sum_{j=1}^{m} p(x_i, y_j) \log \frac{p(x_i)p(y_j)}{p(x_i, y_j)}$$

$$\geqslant -\log \left(\sum_{i=1}^{n} \sum_{j=1}^{m} p(x_i, y_j) \frac{p(x_i)p(y_j)}{p(x_i, y_j)} \right)$$

$$= -\log \left(\sum_{i=1}^{n} \sum_{j=1}^{m} p(x_i)p(y_j) \right)$$

$$= -\log 1$$

$$= 0$$

从而可以看到, 给出更多信息的 $H(X|Y)$ 以后, 熵下降了。如果随机变量 X,Y 互相独立, 则有

$$p(x_i, y_j) = p(x_i)p(y_j)$$

从而 $H(X|Y) = H(X)$, 这样 $I(X,Y) = 0$, 所以信息增益为零。

回到建立一棵树的问题上。在没有任何特征的情况下, 可以认为所有的结果都是等概率分布的, 并且定义

$$D_1 = |\{y_i = 1\}|, \quad D_0 = |\{y_i = 0\}|$$

即 $y = 1$ 和 $y = 0$ 的个数。根据定义, 此时有

$$H(Y) = -\frac{D_1}{n} \log \frac{D_1}{n} - \frac{D_0}{n} \log \frac{D_0}{n}$$

现在选择一个合适的特征进行分类。如果这个特征是 X_1, 就要计算 $H(Y|X_1)$。已知 X_1 取两个值, 定义

$$|\{X_1 = 0, Y = 0\}| = D_{00}$$
$$|\{X_1 = 0, Y = 1\}| = D_{01}$$
$$|\{X_1 = 1, Y = 0\}| = D_{10}$$
$$|\{X_1 = 1, Y = 1\}| = D_{11}$$

显然有 $D_{00} + D_{10} = D_0, D_{01} + D_{11} = D_1$。此时信息增益为

$$H(Y|X_1) = -\sum_{j=0}^{1} \left(\frac{D_{j0}}{n} \log \frac{D_{j0}}{D_{j0} + D_{j1}} + \frac{D_{j1}}{n} \log \frac{D_{j1}}{D_{j0} + D_{j1}} \right)$$

选择所有特征中让信息增量最大的特征作为树的根节点。在根节点（例如使用特征 X_1）确定以后，现在就有两棵子树，分别对应于 X_1 的不同取值。在 $X_1 = 0$ 这棵子树上，如果所有叶节点对应的 y 都已经属于一个类，那么就可以停止了。如果分类还不如意，可以使用剩下的特征开始做子树。在这个新的根节点上，使用同样的方法来计算信息熵，同时计算信息增益，用来决定下一个叶节点。

在不断构建树的过程中，有两种情况会导致树的构建停止。一种情况是在一个叶节点处，所有特征都使用完毕，再使用任何一个特征都没有意义。另一种情况是在叶节点已经完成了清一色的分类，虽然没有用尽所有特征，但是已经不需要进行进一步的选择。任何一种情况下，构造树都停止在这个点。这里有两个误区：第一，构建这棵树的过程中，选择特征的顺序不一定完全一样。在图 5.1 中，X_1 选择好以后，在 $X_1 = 0$ 和 $X_1 = 1$ 两个节点处，完全可以选择各自不同的特征。例如，在 $X_1 = 0$ 处，可以选择 X_2 特征，在 $X_1 = 1$ 处，可以选择别的特征。第二，构建这棵树的过程中，叶节点不一定都延伸到完全一致的高度。所以有些叶节点比较高，有些叶节点比较低。这和分类结果密切相关。

5.3 剪枝

依据信息熵减的原则，决策树的过程并不复杂。在决策树的特征相对较多数据相对较少的情况下，决策树往往会过拟合。决策树的节点每分裂一次，子节点就会指数级增长一次，所以分类的结果从直观上看就会出现被样本内数据过分拟合的情况。使用决策树同时避免过拟合成为其重要指导原则。

从决策树的构造来看，决策树过拟合的来源就是树的深度，所以使用树时就需要剪枝。在构建树的过程中，一棵树过分深，分类的叶子过分多，就是过拟合的前兆。所以，构建树时希望叶子尽量少。另外，也希望分类结果尽量明显，用熵的语言来说，就是熵尽量小。但是这两个目标显然矛盾。如果熵尽量小，就要不断选择特征加深树的深度；而为了减少过分拟合，又需要减少树的深度。

为此，在每个叶节点上都计算分类的效果。例如，一共有 k 个叶节点，分别是 $N_1, N_2, \cdots, N_k$，在 N_i 这个叶节点上有最后的结果：其中第 j 个分类有 N_{ij} 个，那么有

$$N_{i1}, N_{i2}, \cdots, N_{ik_i}$$

将这个节点处的熵定义为

$$C(N_i) = -\sum_j \frac{N_{ij}}{N_i} \log \left(\frac{N_{ij}}{N_i} \right)$$

最后，将整棵树的整体分类熵定义为

$$C(T) = \sum_{i=1}^{k} N_i C(N_i)$$

当所有叶节点都进行完全分类以后，这个整体熵当然为 0。但此时的树往往很深。所以，把叶节点的个数 k 也作为目标函数，力图使之较小。所以就有目标函数

$$C_a(T) = C(T) + ak$$

这里的常数 $a > 0$。

剪枝就从最底部叶节点的根节点开始，一步一步往上剪枝。在每个根节点上，如果剪掉以后，目标函数值能够减小，则宁可剪掉而把这个根节点作为叶节点来看待。但是，如果剪枝不能让目标函数值更小，那么就不剪枝。当常数 $a = 0$ 时，不用剪枝，因为这时关注的是整体熵。当 a 充分大时，希望整棵树就是一个点，因为这时这个目标函数达到极小。其他时候两者平衡，从而挑选合适的常数 a 成为平衡两者之间的办法。另外一种简单的方法就是设置最深的深度，把一棵树的整体深度控制在一定范围之内。

一旦决策树进行了剪枝，随之而来会产生一个问题，在一个最下面的叶节点处，分类的结果仍然不纯，各种分类结果可能都存在。这时怎样使用决策树进行预测呢？在这样的叶节点处采用投票的方式进行，即在这个叶节点处哪个分类结果多，就预测为哪个分类结果。

5.4 连续型数据

决策树模型对于数据离散、标签离散的问题提供了别的模型所不能提供的方法。然而，决策树模型还可以处理数据类型连续的情况。下面结合典型的鸢尾花分类案例介绍这种情况。

鸢尾花（Iris）如图 5.2 所示，属于单子叶植物纲，百合目。花开得美丽，状花序或圆锥花序，原产于欧洲。鸢尾花大而美丽，叶片青翠碧绿，观赏价值很高。很多种类供庭园观赏用，在园林中可用作布置花坛，栽植于水湿畦地、池边湖畔，或布置成鸢尾专类花园，也可用作切花及地被植物，是一种重要的庭园植物。

Iris 数据集是常用的分类实验数据集，由 Fisher 在 1936 年收集整理。数据集包含 150 个数据样本，分为 3 类，每类 50 个数据，每个数据包含 4 个属性，即花萼长度、花萼宽度、花瓣长度、花瓣宽度。根据这 4 个属性可以预测鸢尾花卉属于 Setosa、Versicolour、Virginica 三个种类中的哪一类。

虽然针对 Iris 分类这样的数据格式（即数据连续，但标签离散）可以使用逻辑回归模型，但是决策树在解决这类问题时也可以提供帮助。

图 5.2 鸢尾花

决策树的特点是每个节点选择离散型特征取值，但是在连续型特征时，即便挑选了特征，也不能区分为两个叶节点。为了区分连续特征变量，还需要一个参数，根据连续变量是否大于这个参数，可以把数据分成两部分，从而完成由根节点到叶节点的构造过程。对于任何一个参数，区分为叶节点以后，就会产生信息增益，所以信息增益最大的特征连同对应的参数就成为最后的算则。

在 Sklearn 里面可以下载一个 Iris 花朵的特征和分类的数据，使用决策树，可以做出完全的分类。

5.5 CART 树

决策树模型可以处理数据类型是离散或连续、标签是离散型的问题。但是当标签是连续型的问题（即回归问题）时，也可以使用决策树模型。使用决策树进行回归学习的典型算法就是 CART 树。下面详细介绍这一算法。

如果给出的样本是一组数据

$$(x_1, y_1), (x_2, y_2), \cdots, (x_n, y_n)$$

其中，$x_i = (x_{i1}, \cdots, x_{ik}) \in \mathbb{R}^k$ 是可以连续取值的变量，而输出变量 $y_i \in \mathbb{R}$ 也是连续取值的变量。这组数据的特征维度是 k。目标还是构造一棵树，这棵树从根节点开始，使用特征一步一步选取叶节点。选取特征需要有一个衡量标准。在离散的决策树模型中, 其标准是信息增益。为此, 定义了信息熵。每个特征也对应了一个条件信息熵。在连续情形下, 其标准无法是概率中的信息熵, 转而考虑从函数逼近的角度来看待问题。先选取一个特征, 例如第一个特征, 如果有某个常数 c, 使得

$$y_i = \begin{cases} x_{i1} > c, a \\ x_{i1} < c, b \end{cases}$$

就可以认为回归问题已经完成。当回归问题完成时, 即找到了一个常数, 使得在用这个常数进行区分时, 标签在分类的左边和右边都是常数, 从而其方差为零。因此, 可以使用方差来代替信息熵的概念。从根节点出发, 其数据的方差就是

$$V(Y) = \frac{1}{n} \sum_{i=1}^{n} (y_i - \hat{y})^2, \quad \hat{y} = \frac{y_1 + y_2 + \cdots + y_n}{n}$$

当使用了一个特征以及一个分界点以后, 例如把样本点区分为两组, 为了简单起见, 假定 $y_1, y_2, \cdots, y_k$ 为一组, 剩下的为另外一组, 可以定义条件方差为

$$V(Y \mid X) = \frac{k}{n} \left(\frac{1}{k} \sum_{i=1}^{k} (y_i - \hat{y}_1)^2 \right) + \frac{n-k}{n} \left(\frac{1}{n-k} \sum_{i=k+1}^{n} (y_i - \hat{y}_2)^2 \right)$$

其中,

$$\hat{y}_1 = \frac{\sum_{i=1}^{k} y_i}{k}, \quad \hat{y}_2 = \frac{\sum_{i=k+1}^{n} y_i}{n-k}$$

正如在信息熵中看到的情况一样, 也可以证明这个条件方差一定比绝对方差小。合并同类项可知, 这个事实就取决于下面的不等式

$$\frac{k}{n} \left(\frac{\sum_{i=1}^{k} y_i}{k} \right)^2 + \frac{n-k}{n} \left(\frac{\sum_{i=k+1}^{n} y_i}{n-k} \right)^2 \geqslant \left(\frac{\sum_{i=1}^{n} y_i}{n} \right)^2$$

令

$$A = \frac{\sum_{i=1}^{k} y_i}{k}$$

$$B = \frac{\sum_{i=k+1}^{n} y_i}{n-k}$$

则上面的不等式等价于

$$\frac{k}{n}A^2 + \frac{n-k}{n}B^2 \geqslant \left(\frac{k}{n}A + \frac{n-k}{n}B\right)^2$$

这就是凸函数不等式。一般来讲, 在连续变量的数据中, $x_i \in \mathbb{R}^k$ 是连续取值的变量, $y_i \in \mathbb{R}$ 也是连续取值的变量。我们的目的是在整个空间中划分出一个一个的长方体空间, 每个长方体都是按照下面的方法给出的

$$x_{i1} <> c_1, x_{i2} <> c_2, \cdots, x_{ik} <> c_k$$

其中, c_i 是取值可以为正负无穷的实数。在这个长方体的空间中, 希望对应的取值 y 接近一个常数。所以, 本质上我们的目标是寻求所有可能的实数元

$$(c_1, c_2, \cdots, c_n)$$

决定了一组长方体 I, 分别是坐标在每个分量之中的那些点。对应于每个分量都有 y_I 及 s_I, 其中下面的目标函数

$$\sum_{x \in I} (y_I - s_I)^2$$

达到最小。为了达到这个目的, 只能一个一个完成。为此, 还是从第一个特征开始, 选择优化条件

$$\min_{c_1, s_1, s_2} \sum_{x_{i1} > c_1} (y_i - s_1)^2 + \sum_{x_{i1} < c_1} (y_i - s_2)^2$$

在这个优化完成以后, 理论上可以得到这个 c_1, 同理可以得到

$$c_2, c_3, \cdots, c_k$$

自此可以挑选最小的, 从而把整个区域分成两个部分, 在每个部分中, 重新选择下一个特征。

通常, 决策树的构造方法可以有若干种。流行的决策树有 ID3、C4.5 和 CART 等。构造一个决策树的核心有下列问题: 在每个节点决定用哪个特征; 可能有些数据是缺失的; 如何处理过拟合的问题; 如何给一些数据不同的权重。在 ID3 决策树的构造中, 决定使用哪个特征时, 采用了信息增益

$$H(X) - H(X \mid Y)$$

显然, 也可以考虑其他的方法, 例如考虑

$$H(X \mid Y)/H(X)$$

对于哪个特征可以带来最小的比率, 也可以作为选择特征的方法。在 CART 树的构造中, 更使用了连续的最小二乘式样的方法。不同的方法在理论上就会产生不

同的树的算法。同样，在处理信息熵时，可以使用 Shannon 的熵的定义，也可以使用其他熵的定义。理论上，任何凸函数都可以用来做熵的定义。下面的数值也可以定义熵

$$1 - \left(p_1^2 + p_2^2 + \cdots + p_n^2\right)$$

从而可以使用在选择特征以及剪枝上。

习　题

(1) 在 Python 环境下，使用

```
from sklearn.datasets import load_iris
data = load_iris()
```

获取 Iris 数据，并使用决策树的方法进行分类。

(2) 在一个区间上自定义一个函数，例如 $\sin x$，随机抽样一组数据，通过决策树的回归方法 (Decision Tree Regressor) 学习，并画图检验决策树不同深度时的学习效果。

(3) 在一个二维区间上自定义一些二元函数，随机抽样一组数据，通过决策树的回归方法学习，并画图检验决策树不同深度时的学习效果。

(4) 在 Python 环境下，使用

```
from sklearn import datasets
digits = datasets.load_digits()
```

获取手写数字数据，并使用决策树的方法进行分类。

(5) 在 Python 环境下，使用

```
from sklearn import datasets
data = load_breast_cancer()
```

获取 Breast Cancer 数据，并使用决策树的方法进行分类。

(6) 在 Python 环境下，使用

```
from sklearn import datasets
data=load_wine()
```

获取 Breast Cancer 数据，并使用决策树的方法进行分类。

(7) 自行做出一个具有 3 个特征的数据，分别是特征 X_1, X_2, X_3。每个特征分别取 0,1。随机产生 2000 条数据，其中每个特征取 0,1 的概率分别是 1/2。标签向量为 $\boldsymbol{Y}$，令

$$\boldsymbol{Y} = \max\left(\mathrm{mod}\left(X_1 \times X_2, 2\right), X_3\right)$$

取前面 1000 条数据作为训练集，使用逻辑回归和决策树模型，取后面 1000 条数据作为验证集。比较两种方法的优劣。

(8) 自行做出一个具有 10 个特征的数据，分别是特征 $X_1, X_2, \cdots, X_{10}$。每个特征分别取 $0, 1$。随机产生 2000 条数据，其中每个特征取 $0, 1$ 的概率分别是 $1/2$。标签向量为 $\boldsymbol{Y}$，令

$$\boldsymbol{Y} = \mathrm{mod}\,(X_1 + X_2 + \cdots X_{10}, 2)$$

取前面 1000 条数据作为训练集，使用逻辑回归和决策树模型，取后面 1000 条数据作为验证集。比较两种方法的优劣。

(9) 自行做出一个具有 10 个特征的数据，分别是特征 $X_1, X_2, \cdots, X_{10}$。每个特征分别取 $0, 1$。随机产生 2000 条数据，其中每个特征取 $0, 1$ 的概率分别是 $1/2$。标签向量为 $\boldsymbol{Y}$，令

$$\boldsymbol{Y} = \begin{cases} 1, & X_1 + X_2 + \cdots X_{10} > 5 \\ 0, & X_1 + X_2 + \cdots X_{10} \leqslant 5 \end{cases}$$

取前面 1000 条数据作为训练集，使用逻辑回归和决策树模型，取后面 1000 条数据作为验证集。比较两种方法的优劣。

(10) 使用以前发放的 Credit Card Default 的数据，使用决策树的方法研究数据之间的关系。

第6章　生成模型和判别模型

在逻辑回归的方法中，对于数据 (x, y)，我们建立了一个模型，试图计算 $p(y|x)$，从而可以给 y 打出标签。反过来，如果给出 y，试图探索 x 的条件分布，一旦得知 x 的分布，就可以按照这个分布不断生成 x，从这个观点出发，逻辑回归属于判别模型，而本章主要讲述生成模型。

6.1　极大似然估计

给出一个概率空间 $(\Omega, \mathscr{F}, P)$，再给出一个随机变量 X，这个随机变量所遵循的密度函数是 $p(x, \theta)$，其中参数 θ 并不明确。在给出随机变量的抽样分布以后，例如给出 $x_1, x_2, \cdots, x_n$，我们希望对参数进行估计。

假设这个随机变量的独立同分布的样本被抽取出来构成

$$x_1, x_2, \cdots, x_n$$

设这些随机变量满足一个带参数的密度分布

$$X \sim p(x|\theta)$$

根据这个系列的样本，什么参数 θ 能够给出这一组抽样最好的解释呢？这就是最大似然估计。既然 x_i 是独立同分布的，那么抽取到这些点的密度函数就是

$$L(\theta) = \prod_{i=1}^{n} p(x_i|\theta)$$

现选取 θ 使得上式成为最大，那么就有

$$\tilde{\theta} = \underset{\theta}{\operatorname{argmax}} \, L(\theta)$$

通过取对数函数，上述极值问题也可以转换为

$$\tilde{\theta} = \underset{\theta}{\operatorname{argmax}} \sum_{i=1}^{n} \log \left(p(x_i|\theta) \right)$$

可以把这个应用在二元伯努利分布上。假定随机变量是二元分布。随机变量 X 分布取值 1 或者 0，其概率为 p 或者 $1-p$。现在独立取出

$$x_1, x_2, \cdots, x_n$$

其中，

$$|\{x_i = 1\}| = k, \quad |\{x_i = 0\}| = n - k$$

这样，每个点的概率密度可以看成

$$p^{x_i}(1 - p)^{1-x_i}$$

计算

$$L(p) = \sum_{i=1}^{n} \log\left(p^{x_i}(1-p)^{1-x_i}\right) = k \log p + (n-k)\log(1-p)$$

得到

$$\frac{k}{n} = \underset{p}{\mathrm{argmax}}\left(k \log p + (n-k)\log(1-p)\right)$$

这就是极大似然估计方法。

现在把极大似然估计方法应用到多元的伯努利分布上。假定随机变量是 k 元分布。随机变量 X 分别取值 $1, 2, \cdots, k$，其概率为 $p_1, p_2, \cdots, p_k$。每个点的概率密度可以看成

$$p_1^{x_1} p_2^{x_2} \cdots p_k^{x_k}$$

其中，

$$p_1 + p_2 + \cdots + p_k = 1$$

同理定义

$$L(p) = \sum_{j=1}^{n} \log\left(p_1^{x_1^j} p_2^{x_2^j} \cdots p_k^{x_k^j}\right)$$

根据同样的推导可知，在

$$p_i = \frac{|\{x \mid x = i\}|}{n}$$

时上面达到最大。

最后考虑高斯正态分布。如果样本 $x_1, x_2, \cdots, x_n$ 满足的概率分布为

$$p(x_i) = \frac{1}{\sqrt{2\pi}\sigma} \mathrm{e}^{-\frac{(x_i - \mu)^2}{2\sigma^2}}$$

那么，密度函数的乘积为

$$\prod_{i=1}^{n} p(x_i) = \left(\frac{1}{\sqrt{2\pi}\sigma}\right)^n \prod_{i=1}^{n} \mathrm{e}^{-\frac{(x_i - \mu)^2}{2\sigma^2}}$$

两边去对数函数后为

$$L(\mu, \sigma) = -\sum_{i=1}^{n} \frac{(x_i - \mu)^2}{2\sigma^2} - n \log \sigma - \frac{n}{2} \log(2\pi)$$

为了让其达到最大，可以分别对 μ, σ 求导数，有

$$\mu = \frac{\sum_{i=1}^{n} x_i}{n}$$

同时

$$\sigma^2 = \sum_{i=1}^{n} \frac{(x_i - \mu)^2}{n}$$

这就是通常对正态分布的参数估计。

6.2　贝叶斯估计

首先考虑一个有趣的问题。假设在一个城市交通事故统计中表明，有 75% 的事故当事人没有酒精，有 25% 的事故当事人有酒精。能否据此推断出门上路之前是否喝酒了呢？这个滑稽的问题就出在混淆了发生事故的条件下有酒精的概率，以及有酒精过度的情况下出现交通事故的概率。

一般来说，有两个事件或者随机变量 A 和 B，$P(A|B)$ 和 $P(B|A)$ 两个概率一般是不同的。让这两个概率联系起来的就是贝叶斯公式，即

$$P(A|B) = \frac{P(B|A)P(A)}{P(B)}$$

通常在应用中把 A 看成是因，把 B 看成是果，所以就有从果到因发生的概率和从因到果发生的概率的联系。

可以把上面的想法放在极大似然估计中。在传统的极大似然估计中，观察到样本点 S，试图计算 $P(S|\theta)$。但是从贝叶斯估计的角度上看，应该计算 $P(\theta|S)$，这样就把 θ 看成为随机的而不是确定性的了。在极大似然估计中，假设参数 θ 是一个常数。现在进一步假设参数 θ 是一个满足某种分布的随机变量，那么就有贝叶斯估计。

给出一组观察样本 S 以后，有下面的分解

$$p(\theta|S) = \frac{p(S|\theta)p(\theta)}{p(S)} \sim p(S|\theta)p(\theta)$$

其中，$p(\theta)$ 是参数所满足的密度函数。在给出 θ 以后，如果进一步假设 X 是独立的，那么有

$$p(\theta|S) \sim \prod_{i=1}^{n} p(x_i|\theta)p(\theta)$$

则极大似然估计的问题就变为

$$\theta = \underset{\theta}{\mathrm{argmax}} \prod_{i=1}^{n} p(x_i|\theta)p(\theta)$$

显然，这个问题和普通非贝叶斯估计中的极大似然估计问题的区别就在于最后一项 $p(\theta)$，即原来 θ 的概率密度函数。在这个密度函数均匀分布的情况下，就有

$$p(\theta) = 1$$

因此有

$$p(\theta|S) = p(S|\theta) = \prod_{i=1}^{n} p(x_i|\theta)$$

所以问题就变为

$$\theta = \underset{\theta}{\mathrm{argmax}} \prod_{i=1}^{n} p(x_i|\theta)$$

成为一般的极大似然估计。

在上述推导过程中，给出 θ 以后，如果进一步假设 X 是独立的，这个假设就称为朴素贝叶斯模型。

6.3 线性判别模型

下面讨论这个问题，在高斯分布下的情况。在平面上给出

$$(x_1, y_1), \cdots, (x_n, y_n)$$

其中，$y_i = \{0, 1\}$ 有两种取值。同时，假设

$$p(x|y=0) \sim N(\mu_0, \sigma_0)$$
$$p(x|y=1) \sim N(\mu_1, \sigma_1)$$

其中，参数 σ_i, μ_i 未知。使用贝叶斯估计，有

$$p(y=0|x) = \frac{p(x|y=0)p(y=0)}{p(x|y=0)p(y=0) + p(x|y=1)p(y=1)}$$

在朴素贝叶斯估计假设下，即假设给出 $y=0$ 以后，所有的点 x 都是独立的，则有

$$p(x|y) = \prod_{i=1}^{n} p(x_i|y)$$

但是

$$p(x_i|y) = \left(\frac{1}{\sqrt{2\pi}\sigma_0} \mathrm{e}^{-\frac{(x_i-\mu_0)^2}{2\sigma_0^2}} \right)^{1-y} \left(\frac{1}{\sqrt{2\pi}\sigma_1} \mathrm{e}^{-\frac{(x_i-\mu_1)^2}{2\sigma_1^2}} \right)^{y}$$

因为有

$$\sum_i \log p(x_i, y_i) = \sum_i \log p(x_i|y_i) + \sum_i \log p(y_i)$$

所以

$$\max \sum_{i=1}^{n} \log p(x_i, y_i) = \max \left(\sum_i \log p(x_i|y_i) + \sum_i \log p(y_i) \right)$$

为此，求解极值

$$\prod_{y_i=0} \frac{1}{\sqrt{2\pi}\sigma_0} \mathrm{e}^{-\frac{(x_i-\mu_0)^2}{2\sigma_0^2}} \prod_{y_i=1} \frac{1}{\sqrt{2\pi}\sigma_1} \mathrm{e}^{-\frac{(x_i-\mu_1)^2}{2\sigma_1^2}}$$

这样就得到 μ_i, σ_i 最后的极值估计，令

$$m_0 = |\{y_i = 0\}|, \quad m_1 = |\{y_i = 0\}|$$

首先是概率的伯努利分布估计

$$\mu_0 = \frac{\sum\limits_{y_i=0} x_i}{m_0}$$

$$\mu_1 = \frac{\sum\limits_{y_i=1} x_i}{m_1}$$

然后是方差的估计

$$\sigma_0 = \sqrt{\frac{1}{m_0} \sum_{y_i=0} (x_i - \mu_0)^2}$$

$$\sigma_1 = \sqrt{\frac{1}{m_1} \sum_{y_i=1} (x_i - \mu_0)^2}$$

最后，从

$$\sum_{i=1}^{n} \log p(y_i)$$

中得到伯努利估计

$$p(y_i = 0) = \frac{m_0}{n}, \quad p(y_i = 1) = \frac{m_1}{n}$$

这就为分类问题提供了另外一个思路。相比感知机模型，当前的模型可以处理平面上二维分类点没有办法完全分割的情况。至此，处理分类问题可以采用感知机模型、线性规划、逻辑回归和决策树模型。

6.4 多元正态分布

一元标准正态分布的密度函数形式为

$$f(x) = \frac{1}{\sqrt{2\pi}} \mathrm{e}^{-\frac{x^2}{2}} \, \mathrm{d}x$$

具有均值 μ、方差是 σ 的正态分布的密度函数形式为

$$f(x) = \frac{1}{\sqrt{2\pi}\sigma} \mathrm{e}^{-\frac{(x-\mu)^2}{2\sigma^2}}$$

但是，高维的正态分布需要有 $\mu \in \mathbb{R}^k$ 作为均值向量，同时具有一个协方差矩阵 $\boldsymbol{\Sigma}$，其密度函数为

$$f(x_1, x_2, \cdots, x_n) = \frac{1}{2^{n/2}|\boldsymbol{\Sigma}|^{1/2}} \exp\left(-\frac{(\boldsymbol{x}-\boldsymbol{\mu})^{\mathrm{T}}\boldsymbol{\Sigma}^{-1}(\boldsymbol{x}-\boldsymbol{\mu})}{2}\right)$$

应有以下等式

$$\frac{1}{2^{n/2}|\boldsymbol{\Sigma}|^{1/2}} \int_{\mathbb{R}^n} x_i \exp\left(-\frac{(\boldsymbol{x}-\boldsymbol{\mu})^{\mathrm{T}}\boldsymbol{\Sigma}^{-1}(\boldsymbol{x}-\boldsymbol{\mu})}{2}\right) \mathrm{d}x = \mu_i$$

且满足协方差

$$\frac{1}{2^{n/2}|\boldsymbol{\Sigma}|^{1/2}} \int_{\mathbb{R}^n} (x_i - \mu_i)(x_j - \mu_j) \exp\left(-\frac{(\boldsymbol{x}-\boldsymbol{\mu})^{\mathrm{T}}\boldsymbol{\Sigma}^{-1}(\boldsymbol{x}-\boldsymbol{\mu})}{2}\right) \mathrm{d}x = \sigma_{ij}$$

正态分布又称高斯分布。两个高斯分布或者多个高斯分布可以构造混合高斯分布。例如，有 k 个一维高斯分布，分别具有均值为 $\mu_1, \mu_2, \cdots, \mu_k$，同时具有 $\sigma_1, \sigma_2, \cdots, \sigma_k$ 个方差。给出一组权重 $w_1, w_2, \cdots, w_k$，就可以产生混合高斯分布。其密度函数为

$$f(x) = \sum_{i=1}^{k} w_i \frac{1}{\sqrt{2\pi}\sigma_i} \mathrm{e}^{-\frac{(x-\mu_i)^2}{2\sigma_i^2}}$$

6.5 LDA 和 LQA

正态分布在一维空间的分布密度函数是高斯函数，在高维情况下具有类似的表达。首先，有随机变量 $X_1, X_2, \cdots, X_n$。如果这些随机变量都是互相独立的正态分布，而且具有各自的均值 μ_i 和方差 σ_i，那么联合分布的密度函数具有以下形式

$$f(x_1, x_2, \cdots, x_n) = \frac{1}{(2\pi)^{n/2} \prod_{i=1}^{n} \sigma_i} \exp\left(-\sum_{i=1}^{n} \frac{(x_i - \mu_i)^2}{2\sigma_i^2}\right)$$

当这些随机变量不是完全独立时，定义协方差矩阵为 $\boldsymbol{\Sigma}$，那么联合分布为

$$f(x_1, x_2, \cdots, x_n) = \frac{1}{(2\pi)^{n/2} |\boldsymbol{\Sigma}|^{1/2}} \exp\left(-\frac{1}{2}(\boldsymbol{x} - \boldsymbol{\mu})^{\mathrm{T}} \boldsymbol{\Sigma}^{-1} (\boldsymbol{x} - \boldsymbol{\mu})\right)$$

协方差矩阵 $\boldsymbol{\Sigma}$ 作为一个对称正定的矩阵，应有

$$\boldsymbol{\Sigma} = \boldsymbol{P}^{-1} \boldsymbol{\Lambda} \boldsymbol{P}$$

其中，$\boldsymbol{\Lambda}$ 是对角矩阵，且对角元素为 σ_i^2。现在进行验证

$$
\begin{aligned}
E(X_i) &= \int_{\mathbb{R}^n} \frac{x_i}{(2\pi)^{n/2} |\boldsymbol{\Sigma}|^{1/2}} \exp\left(-\frac{1}{2}(\boldsymbol{x} - \boldsymbol{\mu})^{\mathrm{T}} \boldsymbol{\Sigma}^{-1} (\boldsymbol{x} - \boldsymbol{\mu})\right) \mathrm{d}x \\
&= \int_{\mathbb{R}^n} \frac{x_i + \mu_i}{(2\pi)^{n/2} |\boldsymbol{\Sigma}|^{1/2}} \exp\left(-\frac{1}{2} \boldsymbol{x}^{\mathrm{T}} \boldsymbol{\Sigma}^{-1} \boldsymbol{x}\right) \mathrm{d}x \\
&= \frac{1}{(2\pi)^{n/2} |\boldsymbol{\Sigma}|^{1/2}} \int_{\mathbb{R}^n} x_i \exp\left(-\frac{1}{2} \boldsymbol{x}^{\mathrm{T}} \boldsymbol{\Sigma}^{-1} \boldsymbol{x}\right) \mathrm{d}x + \\
&\quad \frac{1}{(2\pi)^{n/2} |\boldsymbol{\Sigma}|^{1/2}} \int_{\mathbb{R}^n} \mu_i \exp\left(-\frac{1}{2} \boldsymbol{x}^{\mathrm{T}} \boldsymbol{\Sigma}^{-1} \boldsymbol{x}\right) \mathrm{d}x
\end{aligned}
$$

第一个积分为零，第二个积分就是 μ_i。下面计算方差。根据定义，有

$$
\begin{aligned}
E(X_i^2) - E(X_i)^2 &= \frac{1}{(2\pi)^{n/2} |\boldsymbol{\Sigma}|^{1/2}} \int_{\mathbb{R}^n} x_i^2 \exp\left(-\frac{1}{2} \boldsymbol{x}^{\mathrm{T}} \boldsymbol{\Sigma}^{-1} \boldsymbol{x}\right) \mathrm{d}x \\
&= \frac{1}{(2\pi)^{n/2} |\boldsymbol{\Sigma}|^{1/2}} \int_{\mathbb{R}^n} (\boldsymbol{P}^{\mathrm{T}} \boldsymbol{y})_i^2 \exp\left(-\frac{1}{2} \boldsymbol{y}^{\mathrm{T}} \boldsymbol{\Lambda}^{-1} \boldsymbol{y}\right) \mathrm{d}x \\
&= \sum_{k=1}^{n} p_{ki}^2 \sigma_i^2 = \sigma_i^2
\end{aligned}
$$

在上式中进行了变量替换 $y = Px$。最后验证协方差

$$
\begin{aligned}
E(X_iX_j) - E(X_i)E(X_j) &= \frac{1}{(2\pi)^{n/2}|\boldsymbol{\Sigma}|^{1/2}} \int_{\mathbb{R}^n} x_i x_j \exp\left(-\frac{1}{2}\boldsymbol{x}^{\mathrm{T}}\boldsymbol{\Sigma}^{-1}\boldsymbol{x}\right)\mathrm{d}x \\
&= \frac{1}{(2\pi)^{n/2}|\boldsymbol{\Sigma}|^{1/2}} \int_{\mathbb{R}^n} (\boldsymbol{P}^{\mathrm{T}}\boldsymbol{y})_i (\boldsymbol{P}^{\mathrm{T}}\boldsymbol{y})_j \exp\left(-\frac{1}{2}\boldsymbol{y}^{\mathrm{T}}\boldsymbol{\Lambda}^{-1}\boldsymbol{y}\right)\mathrm{d}y \\
&= \sum_{k=1}^{n} p_{ki}p_{kj}\sigma_k^2 = (\boldsymbol{\Sigma})_{ij}
\end{aligned}
$$

至此，完成了对多重正态分布的验证。

下面介绍机器学习中对于分类问题的应用场景。给出一组独立同分布的点集

$$
(x_1, y_1), (x_2, y_2), \cdots, (x_n, y_n)
$$

其中，$x_i \in \mathbb{R}^k, y \in \{0, 1\}$，试图对给出的任意一个点 x 做出 $P(y|x)$ 的估计。从极大似然估计角度出发，有

$$
p(x_i, y_i) = (p(x_i|y_i = 0)p(y_i = 0))^{1-y_i} (p(x_i|y_i = 1)p(y_i = 1))^{y_i}
$$

为了使似然函数达到极大，应使得

$$
\max \prod_{i=1}^{n} p(x_i, y_i)
$$

等同于求解下述表达式的极大值

$$
\begin{aligned}
\sum_{i=1}^{n} \log p(x_i, y_i) = &\sum_{p_i=0} \log p(x_i|y_i = 0) + \\
&\sum_{p_j=1} \log p(x_j|y_j = 1) + m_0 p + m_1(1 - p)
\end{aligned}
$$

其中，$m_0 = |\{y_i = 0\}|$。为了求得极大值，可以看到

$$
p = \frac{m_0}{n}, \quad 1 - p = \frac{m_1}{n}
$$

但是，其他参数需要进一步明确 $p(x_i|y_i = 0)$ 的函数。如果令

$$
p(x|y=0) = \frac{1}{\sqrt{2\pi}|\boldsymbol{\Sigma}|^{1/2}} \exp\left(-\frac{1}{2}(\boldsymbol{x} - \boldsymbol{\mu})^{\mathrm{T}}\boldsymbol{\Sigma}^{-1}(\boldsymbol{x} - \boldsymbol{\mu})\right)
$$

$$
p(x|y=1) = \frac{1}{\sqrt{2\pi}|\boldsymbol{\Lambda}|^{1/2}} \exp\left(-\frac{1}{2}(\boldsymbol{x} - \boldsymbol{\gamma})^{\mathrm{T}}\boldsymbol{\Lambda}^{-1}(\boldsymbol{x} - \boldsymbol{\gamma})\right)
$$

这里面的参数就可以根据传统的高维正态分布估计了。即

$$\mu = \sum_{y_i=0} \frac{x_i}{m_0}$$

$$\gamma = \sum_{y_i=1} \frac{x_i}{m_1}$$

同时，也有

$$\Sigma_{kl} = \sum_{y_i=0} \frac{(x_{ik} - \mu_k)(x_{il} - \mu_l)}{m_0^2}$$

$$\Lambda_{kl} = \sum_{y_j=0} \frac{(x_{jk} - \gamma_k)(x_{jl} - \gamma_l)}{m_1^2}$$

在参数估计完成以后，对于任何一个 $x \in \mathbb{R}^k$，需要使用贝叶斯估计。根据贝叶斯估计，有

$$p(y=0|x) = \frac{p(x|y=0)p(y=0)}{p(x)}$$

$$= \frac{p(x|y=0)p(y=0)}{p(x|y=0)p(y=0) + p(x|y=1)p(y=1)}$$

当需要做出分类时，就需要对 $p(y=0|x) > 1/2$ 进行判断，或者等价地判断

$$p(x|y=0)p(y=0) > p(x|y=1)p(y=1)$$

根据上面的符号，就是要判断

$$\frac{1}{(2\pi)^{n/2}|\boldsymbol{\Sigma}|^{1/2}} \exp\left(-\frac{1}{2}(\boldsymbol{x} - \boldsymbol{\mu})^{\mathrm{T}} \boldsymbol{\Sigma}^{-1}(\boldsymbol{x} - \boldsymbol{\mu})\right) >$$

$$\frac{1}{(2\pi)^{n/2}|\boldsymbol{\Lambda}|^{1/2}} \exp\left(-\frac{1}{2}(\boldsymbol{x} - \boldsymbol{\gamma})^{\mathrm{T}} \boldsymbol{\Lambda}^{-1}(\boldsymbol{x} - \boldsymbol{\gamma})\right)$$

当 $\boldsymbol{\Sigma} = \boldsymbol{\Lambda}$ 时，上面的不等式等价于一个超平面的分类问题，可以称之为 LDA。但是当 $\boldsymbol{\Sigma} \neq \boldsymbol{\Lambda}$ 时，上面的不等式等价于一个二次曲面的分类问题，也可以称之为 LQA。

第7章 优化方法

我们都知道，在小学数学中有很多的应用题，内容看似五花八门，事实上，一旦列出方程就变得很简单。所以，方程式是解决应用题的统一方法。从这个角度来理解机器学习也是一样。机器学习不是一种传统意义上的方程式，但是可以把机器学习理解为一种从各种具体问题中抽象出来的范式，这种范式的基本途径就是分成样本数据、假设空间、损失函数、优化参数等过程来描述的。

从而，优化成为机器学习的关键组成部分。为了在整体上对机器学习加深理解而不至于只将其看成是一个黑箱，还需要对优化有进一步的理解。在前面感知机模型一章已经讲过了线性规划问题。线性规划问题就是优化问题，但仅限于线性函数的优化问题。本章将介绍一些其他常见的优化问题，并在一定范围内尽量给出严格的证明。

7.1 数值解方程

在前面的线性回归算法中，可以给出解的解析表达形式。但在逻辑回归中，就无法给出解析表达，从而只能诉诸数值求解。当然不仅是逻辑回归，在很多其他的机器学习算法中，都需要对一个函数进行优化，所以需要了解优化一个函数的数值方法。

首先来看一元函数解方程的情况。给出一个一元函数 $f(x)$，如何求方程的根，即 $f(x) = 0$ 的解呢？一般有下面三种方法。

第一种方法针对连续函数，可以使用二分法。给出 $a < b$，使得 $f(a)f(b) < 0$，根据连续函数的中间值定理可知，一定有至少一个根在 (a, b) 区间上，目的就是要找到这个根。为此，先取 a, b 的中点

$$c = \frac{a + b}{2}$$

如果 $f(a)f(c) < 0$，那么取 $a_1 = a, b_1 = c$，否则取 $a_1 = c, b_1 = b$。依次迭代进行下去，一般到了 $[a_n, b_n]$ 区间，仍然有 $f(a_n)f(b_n) < 0$，可以继续取中点。根据连续函数的性质，区间会不断缩小，从而一定会收敛到一个根，在数学分析中就是区间套原理。在数值计算上，只要区间足够小，且取值 $f(a_n), f(b_n)$ 也足够逼近零，就可以停止了。

第二种方法针对具有一定光滑性质的函数，可以使用直线连接法。给出 $a < b$，使得 $f(a)f(b) < 0$，取出 $(a, f(a))$ 和 $(b, f(b))$ 两个点，用直线连接，计算其

与横轴相交的点, 可知连接这两个点的线性方程是

$$y - f(a) = \frac{f(b) - f(a)}{b - a}(x - a)$$

在 x 轴上的交点是

$$c = a - \frac{b - a}{f(b) - f(a)}f(a)$$

如果这个点上的函数值 $f(c)f(a) < 0$, 那么取 $a_1 = a, b_1 = c$, 否则取 $a_1 = c, b_1 = b$。不断取 $(a_n, f(a_n))$ 和 $(b_n, f(b_n))$，连线可以不断逼近。但是，这个方法对于仅仅是连续可微的函数来讲未必永远可以收敛到零点, 为了确保收敛，还必须增加更多条件限制原来的函数, 例如要求函数是凸函数等，利用微分中值公式就可以证明这一点。

第三种方法针对具有更好光滑形状的函数，可以使用牛顿方法，用一个点 $(x_0, f(x_0))$ 来做切线, 用切线和横轴的交点作为 x_1, 再用同样的方法来不断迭代。牛顿方法迭代的公式为

$$x_{n+1} = x_n - \frac{f(x_n)}{f'(x_n)}$$

这种方法对应于前面连线法中取切线（而不是取直线）的方法。同样, 牛顿方法未必能够保证迭代不断收敛，可以很容易地构造出不可能收敛的函数，为了保证收敛，还需要加上一些凸性的条件。除了上述方法, 还有很多其他求解函数零点的方法。但是上述方法因为初等、直观等特点, 为我们了解优化方法提供了基础。

7.2 光滑函数的极值点

如果问题是对一个函数求解极值，理论上可以转换为求解根的问题。例如，对于一个一元函数 $f(x): \mathbb{R} \to \mathbb{R}$, 在每个极值点处, 无论是极小值点还是极大值点 x_0, 都应该满足条件 $f'(x_0) = 0$。所以，求函数极值问题理论上可以转换为求解 $f'(x)$ 的零点问题。当然，由数学分析可知，$f'(x_0) = 0$ 仅仅是极值点的必要条件, 而不是充分条件。如果加上 $f''(x_0) < 0$, 那么点 x_0 应该是极大值点，而 $f''(x_0) > 0$ 应该是极小值点。对于一个多元函数 $f(x): \mathbb{R}^n \to \mathbb{R}$, 每个极值点 x_0 都应该满足梯度 $\nabla f(x_0) = 0$。同样, 梯度为零仅仅是其为极值点的必要条件, 而不是充分条件。

如果函数是二阶可微函数，就可以定义其 Hessian 矩阵

$$\boldsymbol{H}f = \begin{pmatrix} \dfrac{\partial^2 f}{\partial x_1^2} & \dfrac{\partial^2 f}{\partial x_1 \partial x_2} & \cdots & \dfrac{\partial^2 f}{\partial x_1 \partial x_n} \\ \vdots & \vdots & \vdots & \vdots \\ \dfrac{\partial^2 f}{\partial x_1 \partial x_n} & \dfrac{\partial^2 f}{\partial x_2 \partial x_n} & \cdots & \dfrac{\partial^2 f}{\partial x_n^2} \end{pmatrix}$$

有了 Hessian 矩阵，可以进一步陈述极值点的必要条件。事实上，不但极值点要满足梯度为零，而且极小值点处的 Hessian 矩阵 $\boldsymbol{H}f(x_0)$ 为半正定矩阵；而极大值点处的 Hessian 矩阵 $\boldsymbol{H}f(x_0)$ 为半负定矩阵。但是，半正定矩阵和半负定矩阵仅仅是必要条件，还不能作为极值点的充分条件。

充分条件如下：如果 x_0 满足 $\nabla f(x_0) = 0$，同时 $\boldsymbol{H}f(x_0)$ 为正定矩阵，那么 x_0 是局部极小值点；如果 x_0 满足 $\nabla f(x_0) = 0$，同时 $\boldsymbol{H}f(x_0)$ 为负定矩阵，那么 x_0 是局部极大值点。

7.3 带约束条件的极值问题

下面介绍具有约束条件的求取极值方法。给出两个函数 $f(x): \mathbb{R}^k \to \mathbb{R}, g(x): \mathbb{R}^k \to \mathbb{R}$，希望在函数 $g(x)$ 被约束的前提下，对函数 $f(x)$ 求极值。先假设函数 $f(x), g(x)$ 都是可微函数，那么极值问题就可以叙述为以下形式

$$\begin{cases} \max_x f(x) \\ \text{s.t. } g(x) = 0 \end{cases}$$

在求带约束的极值问题时，有著名的拉格朗日乘子法。这个方法基于以下定理。

定理 7.1 如果带约束的问题有解 x_0，且函数 $g(x)$ 在这个点满足

$$\nabla g(x_0) \neq 0$$

则解应满足条件

$$\nabla f(x_0) + \lambda \nabla g(x_0) = 0$$

其中，λ 是一个实数。

证明 对于任何一个 $\mathbb{R}^k$ 中的向量 $\boldsymbol{v}$，如果

$$\nabla g(x_0) \cdot \boldsymbol{v} = 0$$

一定可以得到一个曲线 $\lambda(t)$，使得 $g(\lambda(t)) = 0$，且

$$\lambda(0) = x_0, \quad \lambda'(0) = \boldsymbol{v}$$

但是 $f(\lambda(t))$ 在 $t = 0$ 时达到极值, 所以应有

$$\nabla f(x_0) \cdot v = 0$$

综上所述, 对于所有的 $v \in \mathbb{R}^k$ 满足 $\nabla g(x_0) \cdot v = 0$, 都有 $\nabla f(x_0) \cdot v = 0$, 所以必然有

$$\nabla f(x_0) = \lambda g(x_0)$$

成立。   证毕

在上述证明中可以看到, 存在 $\lambda \in \mathbb{R}$, 但是对于其正负并没有判断, 由此便有拉格朗日乘子法。乘子法把优化问题转化为不带约束条件的优化问题

$$\max_{x, \lambda} f(x) + \lambda g(x)$$

存在多个约束条件时与此类似。如果有光滑函数

$$g_1(x), \cdots, g_k(x)$$

在 x_0 点满足

$$\begin{cases} \max f(x) \\ \text{s.t. } g_i(x) = 0, 1 \leqslant i \leqslant k \end{cases}$$

的极值问题, 并且 $\nabla g_1(x_0), \cdots, \nabla g_n(x_0)$ 不全为零, 那么 $\nabla f(x_0)$ 一定会落在 $\nabla g_1(x_0), \cdots, \nabla g_n(x_0)$ 构成的线性空间中。

下面讨论带有不等式约束条件的极值问题。要讨论的函数都具有一定需要的可微性质, 不再在光滑程度上计较细节。带有不等式约束条件可以看成下面的问题: 对于 $x \in \mathbb{R}^k$, 有

$$\begin{cases} \max f(x) \\ \text{s.t. } g_j(x) \leqslant 0, j = 1, 2, \cdots, n \end{cases}$$

通过改变函数的符号, 就可以把 $g(x) \geqslant 0$ 的条件改为上述小于或等于 0 的条件。对于这样的问题, 可以总结为下面类似于拉格朗日乘子法的结论。

定理 7.2   如果存在一个解 x_0, 那么对于

$$K = \{j : g_j(x_0) = 0\}$$

有一些正实数 $\lambda_j > 0, j \in K, \sum_{j=1}^{n} \lambda_j = 1$ 满足

$$\nabla f(x_0) = \sum_{j=1}^{n} \lambda_j \nabla g_j(x_0)$$

证明 考虑所有的 $\nabla g_j(\boldsymbol{x}_0)$ 这些向量, 同时考虑正线性组合构成一个凸集, 如果 $\nabla f(\boldsymbol{x}_0)$ 不在其中, 根据凸集分开原理, 在凸集外面的一点可以用一个超平面把此点和凸集分开。一定有一个向量 $\boldsymbol{v}$, 使得对于每个 $j \in K$ 有 $\boldsymbol{v} \cdot \nabla g_j(\boldsymbol{x}_0) < 0$, 而 $\boldsymbol{v} \cdot \nabla f(\boldsymbol{x}_0) > 0$。这样考虑一条曲线 $\lambda(t)$, 使得 $\lambda'(0) = \boldsymbol{v}$, 且 $g_j(\lambda(t)) < 0$ 不但对于所有 $j \in K$ 成立, 而且对于在 K 以外的 j 也成立。根据这些条件, 在 $t > 0$ 时, 有 $f(\lambda(t)) > f(x_0)$。这就引出了矛盾。换言之, 就是说 $\nabla f(\boldsymbol{x}_0)$ 在由所有 $\nabla g_j(\boldsymbol{x}_0)$ 这些向量构成的凸组合中。　　　　　　　　　证毕

7.4 梯度下降法

除了在感知机模型一章介绍的线性规划以外, 对于非线性函数, 还需要一个比较统一的方法来求解极值问题。本节将介绍梯度下降法, 这个方法在机器学习中一直都发挥着重要的作用。

下面将在一般维度的欧式空间中讨论这个问题。给出函数 $f(x), x \in \mathbb{R}^n$, 目的是寻找极值问题

$$f(\tilde{x}) = \min_x f(x)$$

的解。

对于函数以及任意的实数 λ, 等高线（或者称为等高面）定义为 $\{x : f(x) = \lambda\}$。一般来讲, 这是一个在 $\mathbb{R}^n$ 中的 $n - 1$ 维的超曲面。空间中的任何一个点一定落在某个等高面上, 而且对应于不同 λ 的等高面不互相交。函数 f 的梯度 $\nabla f(x)$ 和等高面上过 x 的曲线是垂直的。从而在 x 点出发, 沿着一条曲线运动, 如果运动的方向永远和梯度垂直, 就会一直在同一个等高面上运动。但是, 如果沿着梯度或者相反于梯度方向运动, 那么就会从一个等高面不断跨越到另外一个等高面上。

令向量 $\boldsymbol{d} = \nabla f(x)$, 从而函数 $g(\lambda) = f(x + \lambda \boldsymbol{d})$ 满足

$$g'(\lambda) = \nabla f(x) \cdot \boldsymbol{d} > 0$$

这就说明沿着梯度方向运动, 函数值会不断扩大, 而沿着相反于梯度方向运动, 函数值一定会不断缩小。例如, 令 $\boldsymbol{d} = -\nabla f(x)$, 可以让 $g'(\lambda) < 0$, 从而函数值逐渐变小。如果优化问题是求解函数的极小值, 就可以从一个点出发, 沿着梯度相反方向开始运动或者迭代, 直到搜索到函数的极小值点为止。这就是梯度下降法。

梯度下降法的迭代体现在下面的迭代表达式上。令 $\lambda > 0$ 代表迭代的步长, 迭代方式为

$$x_{n+1} = x_n - \lambda \nabla f(x_n)$$

在使用梯度下降法时, 经常有下面的情况

$$f(x) = \sum_{i=1}^{n} f_i(x)$$

在使用传统的梯度下降法时, 需要对每个 $f_i(x)$ 进行梯度计算。这样得到

$$\nabla f(x) = \sum_{i=1}^{n} \nabla f_i(x)$$

从而使用梯度下降法时才有

$$x_{n+1} = x_n - \sum_{i=1}^{n} \nabla f_i(x_n)$$

在实际应用中，可能会产生计算上的困难。可以随机选取一个 i, 然后进行更新。

　　梯度下降法从直观上容易理解，但是如同使用牛顿法求解方程的根一样，需要对函数的性状加以进一步限制，而且对于步长 λ 也应有所要求。否则这个迭代方法本身无法保证迭代收敛。

7.5　凸函数

　　本节来证明在一定条件下, 梯度下降的迭代方法可以收敛。但是需要函数具有一定好的性状。一个区域 Ω 为一个凸区域, 如果对于任意两个点 $x, y \in \Omega$, 有

$$ax + by \in \Omega, \quad a + b = 1, a, b > 0$$

一个定义在凸区域上的函数 $f : \Omega \to R$ 称为凸函数。如果

$$f(ax + by) \leqslant af(x) + bf(y)$$

一个函数的局部极小值点定义为 $x_0 \in \Omega$, 存在一个小邻域 $D \subset \Omega$, 有

$$f(x_0) \leqslant f(y), \forall y \in D$$

一般情况下，一个局部极小值点都满足

$$\nabla f(x_0) = 0$$

　　凸函数有两个重要性质。对于一个凸函数来说，局部极小值点一定是全局极小值点。否则，如果 x_0 是局部极小值点, 但是有 $y \in \Omega$ 使得

$$f(x_0) > f(y)$$

则

$$g(\lambda) = f\left(\lambda x_0 + (1 - \lambda)y\right)$$

那么就一定存在一个 λ, 使得 $g(\lambda)$ 取到了最大值, 这就和凸函数的性质相矛盾。

第二个性质就是下面的公式

$$f(y) \geqslant f\left(x_0\right) + \nabla f\left(x_0\right) \cdot \left(y - x_0\right)$$

这里的本质就是对于 $x < z < y$, 其中 $z = \lambda x + (1 - \lambda)y$, 有

$$\frac{f(z) - f(x)}{z - x} \leqslant \frac{f(y) - f(z)}{y - z}$$

所以令 $z \to x$, 有

$$f'(x) \leqslant \frac{f(y) - f(x)}{y - x}$$

对于凸函数来说, 有下面简单的性质: 如果一组函数 $f_i(X) : \mathbb{R}^n \to R$ 都是凸函数, 那么 $g(x) = \max_i f_i(x)$ 也是凸函数, $g(x) = \sum\limits_{i=1}^{n} w_i f_i(x)$ 也是凸函数, 其中 $w_i \geqslant 0$。

下面来证明对于一个凸函数, 在满足某些条件的情况下, 梯度下降法可以保证收敛到极小值点。为此, 还需要一个条件。函数 $f : \mathbb{R}^n \to \mathbb{R}$ 满足 Lipschitz 条件, 如果有下面的不等式成立。

$$|f(x) - f(y)| < \rho|x - y|$$

定理 7.3 凸函数 $f : \mathbb{R}^n \to \mathbb{R}$ 是一个全空间定义的连续可微函数, 有下界, 且梯度函数 $\nabla f : \mathbb{R}^n \to \mathbb{R}^n$ 满足 Lipschitz 性质。那么, 一定有一个充分小的 $\lambda(\lambda > 0)$, 使得

$$x_{n+1} = x_n - \lambda \nabla f\left(x_n\right)$$

在这个迭代下 x_n 收敛, 且一定是函数 f 的全局极小值点。

证明 因为有

$$x_{n+1} = x_n - \lambda \nabla f\left(x_n\right)$$

根据凸函数的定义, 所以有

$$f\left(x_{n+1}\right) \geqslant f\left(x_n\right) - \lambda \left|\nabla f\left(x_n\right)\right|^2$$

又因为 $x_n = x_{n+1} + \lambda \nabla f(x_n)$, 所以有

$$f(x_n) \geqslant f(x_{n+1}) + \lambda \nabla f(x_n) \nabla f(x_{n+1})$$

利用 Lipschitz 条件, 有

$$
\begin{aligned}
f(x_n) &\geqslant f(x_{n+1}) + \lambda \nabla f(x_n) \nabla f(x_{n+1}) \\
&= f(x_{n+1}) + \lambda \nabla f(x_n) \left(\nabla f(x_{n+1}) - \nabla f(x_n)\right) + \lambda \left|\nabla f(x_n)\right|^2 \\
&\geqslant f(x_{n+1}) - \lambda \left|\nabla f(x_n)\right| \left|\nabla f(x_{n+1}) - \nabla f(x_n)\right| + \lambda \left|\nabla f(x_n)\right|^2 \\
&\geqslant f(x_{n+1}) - \lambda \rho \left|\nabla f(x_n)\right| \left|x_{n+1} - x_n\right| + \lambda \left|\nabla f(x_n)\right|^2 \\
&= f(x_{n+1}) - \lambda^2 \rho \left|\nabla f(x_n)\right|^2 + \lambda \left|\nabla f(x_n)\right|^2
\end{aligned}
$$

在中间使用了 Lipschitz 性质, $\nabla f(x_{n+1}) - \nabla f(x_n)| \leqslant \rho |x_{n+1} - x_n|$, 整理可得

$$f(x_n) - \lambda \left|\nabla f(x_n)\right|^2 \leqslant f(x_{n+1}) \leqslant f(x_n) - \left(\lambda - \lambda^2 \rho\right) \left|\nabla f(x_n)\right|^2$$

取 $\lambda \rho < 1$, 整理可得

$$\lambda(1 - \lambda \rho) \left|\nabla f(x_n)\right|^2 \leqslant f(x_n) - f(x_{n+1})$$

因为 $f(x_n)$ 有下界, 所以

$$\sum_{n=1}^{\infty} \left|\nabla f(x_n)\right|^2 < +\infty$$

必然是收敛的级数, 同时因为 $|x_{n+1} - x_n| = \lambda |\nabla f(x_n)|$, 从而有

$$\sum_{n=1}^{\infty} \left|x_{n+1} - x_n\right|^2$$

收敛, 所以序列 x_n 收敛

$$\lim_{n \to \infty} x_n = x^*$$

另外, 因为

$$f(x_n) \leqslant f(x^*) + \nabla f(x_n)(x_n - x^*)$$

又因为 $\nabla f(x_n)$ 有界, 同时 $|x_n - x^*| \to 0$, 所以

$$\lim_{n \to \infty} f(x_n) = f(x^*)$$

由此完成证明。   证毕

7.6　对偶问题

本节将介绍凸函数的对偶问题，从而给 Lasso 回归一个快速的算法。对偶是凸函数的一个本质特征。对于定义在 $\mathbb{R}^n$ 中的凸函数, 一个重要的特点就是, 随意一个点 $x \in \mathbb{R}^n$, 有向量 $\boldsymbol{u} \in \mathbb{R}^n$ 使得对于任意 $y \in \mathbb{R}^n$ 都有以下不等式

$$f(y) \geqslant f(x) + \boldsymbol{u} \cdot (y - x)$$

成立。当函数 $f(x)$ 是可微函数时, 这里的向量 $\boldsymbol{u} = \nabla f(x)$；当函数未必可微时, 梯度向量未必存在, 但是这个向量 $\boldsymbol{u}$ 存在且未必唯一。上面的不等式可以重新整理为

$$\boldsymbol{u}x - fx \geqslant \boldsymbol{u}y - f(y)$$

对于任意 y 都成立。对于凸函数 $f(x)$ 以及任意一个 $\boldsymbol{u} \in \mathbb{R}^n$, 可定义对偶函数为

$$f^*(\boldsymbol{u}) = \sup_x (\boldsymbol{u}x - f(x))$$

虽然在这个定义下，对偶函数可以取值 $+\infty$, 但这个函数仍然是一个凸函数, 因为根据定义, 对于任意 $0 \leqslant a \leqslant 1$, 有

$$f^*(a\boldsymbol{u} + (1-a)\boldsymbol{v}) \leqslant af^*(\boldsymbol{u}) + (1-a)f^*(\boldsymbol{v})$$

从而可以定义对偶函数的对偶函数, 即对于任意一点 $x \in \mathbb{R}^n$, 有

$$f^{**}(x) = \sup_{\boldsymbol{u}} (x\boldsymbol{u} - f^*(\boldsymbol{u}))$$

定理 7.4　对于凸函数 $f(x)$, 如上述定义的对偶函数具有以下性质: $f^{**}(x) = f(x)$。

证明　根据定义, 对于任意 $\boldsymbol{u} \in \mathbb{R}^n$, 有

$$f^*(\boldsymbol{u}) = \sup_x (\boldsymbol{u}x - f(x))$$

从而有 $f^*(\boldsymbol{u}) \geqslant \boldsymbol{u}x - f(x)$ 对于任意 $x \in \mathbb{R}^n$ 都成立, 即 $f(x) \geqslant \boldsymbol{u}x - f^*(\boldsymbol{u})$ 对于任意 $x, \boldsymbol{u} \in \mathbb{R}^n$ 都成立。在两边取极大值以后, 就有

$$f^{**}(x) \leqslant f(x)$$

下面来证明相反的不等式。因为函数 $f(x)$ 是凸函数, 从而对于任意 x 都存在一个 $\boldsymbol{u}_x$, 使得

$$f(y) \geqslant f(x) + \boldsymbol{u}_x(y - x)$$

对于任意 y 都成立。从而 $\boldsymbol{u}_x x - f(x) \geqslant \boldsymbol{u}_x y - f(y)$ 对于任意 y 都成立, 在右边对 y 取上确界时, 有

$$\boldsymbol{u}_x x - f(x) \geqslant f^*(\boldsymbol{u}_x)$$

所以 $\boldsymbol{u}_x x - f^*(\boldsymbol{u}_x) \geqslant f(x)$ 成立。但是左边显然有

$$f^{**}(x) \geqslant \boldsymbol{u}_x x - f^*(\boldsymbol{u}_x) \geqslant f(x)$$

从而就证明了等式成立。   证毕

7.7   Minimax 问题

前面介绍的线性规划, 以及第 8 章要介绍的支持向量机模型都会用到一个 Minimax 定理。这个定理的含义是, 对于一类特殊的函数 $f(x, y)$, 会有以下表达式

$$\min_x \max_y f(x, y) = \max_y \min_x f(x, y)$$

如果后者更加容易求解, 那么前者就得到了一个优化的解法。但是, 并不是任意一个函数都会满足这个等式, 下面给出一个充分条件, 从而为 Lasso 回归和支持向量机的算法做好理论基础。为了数学计算上的简便, 仅在一维的情况下给出证明, 高维时请参阅一般凸函数优化专著。

定理 7.5   若 $f(x)$ 和 $g(x)$ 是两个凸函数, 同时还有增长条件

$$\lim_{x \to \infty} f(x) = +\infty$$

已知任意的 $a > 0$, 都有

$$\lim_{x \to \infty} f(x) + ag(x) = +\infty$$

同时, 至少有一个点 x 使得 $g(x) < 0$。在这种情况下, 定义 x_0 是具有约束条件

$$f(x_0) = \min_{g(x) \leqslant 0} f(x)$$

的解, 证明上式应该有下面的性质

$$\max_{a \geqslant 0} \min_{x \in \mathbb{R}} (f(x) + ag(x)) = f(x_0)$$

证明   对于一个在无穷处增长到无限的凸函数, 一定存在极小值点。从而在 $g(x) \leqslant 0$ 的区域内包括边界, 函数 $f(x)$ 一定能够取到一个极小值点, 而且这个极小值也一定唯一。把这个极小值点记为 x_0。为了证明等式成立, 先证明两边的不

等式。首先

$$\max_{a \geqslant 0} \min_{x \in \mathbb{R}}(f(x) + ag(x)) \leqslant f(x_0)$$

对于任意 $a \geqslant 0$, 有

$$\min_{x \in \mathbb{R}}(f(x) + ag(x)) \leqslant f(x_0) + ag(x_0) \leqslant f(x_0)$$

因为有一个条件 $g(x_0) \leqslant 0$。对于任意 $a \geqslant 0$, 应有

$$\max_{a \geqslant 0} \min_{x \in \mathbb{R}}(f(x) + ag(x)) \leqslant f(x_0)$$

下面证明反过来也成立。因为 $a \geqslant 0, f(x) + ag(x)$ 是一个凸函数, 同时具有增长条件

$$\lim_{x \to \infty} f(x) + ag(x) = +\infty$$

所以对于函数 $f(x) + ag(x)$ 总是有一个整体极小值点, 称为 y。因为一阶导数在这个点上为零, 所以有

$$f'(y) + ag'(y) = 0$$

这就表明, 或者 $g'(y) = 0$, 或者

$$a = -\frac{f'(y)}{g'(y)}$$

反过来, 如果选择 y 使得 $g'(y) \neq 0$

$$a = -\frac{f'(y)}{g'(y)} > 0$$

那么一定是函数 $f(x) + ag(x)$ 在 y 取到极小值。如果 x_0 已经是函数 $f(x)$ 在 $\mathbb{R}$ 的全局极小值点, 令 $a = 0$, 同时让

$$\min_{x \in \mathbb{R}}(f(x) + ag(x)) = f(x_0)$$

所以, 显然有

$$\max_{a \geqslant 0} \min_{x \in \mathbb{R}}(f(x) + ag(x)) \geqslant f(x_0)$$

如果 x_0 不是 $f(x)$ 的全局极小值点, 函数 $f(x)$ 的全局极小值点肯定在区间 $g(x) \leqslant 0$ 之外, 所以应有 $g(x_0) = 0$。但是在 $g(x) = 0$ 时有两个解, 一个是 x_0, 另一个是 x_1, 同时 $f(x_0) < f(x_1)$。在不失一般性的前提下, 假定 $x_0 < x_1$。现在看

来，函数 $f(x)$ 一定在区间 (x_0, x_1) 上递增，所以应有 $f'(x_0) > 0$，同时 $g'(x_0) < 0$。现在令

$$a = -\frac{f'(x_0)}{g'(x_0)} > 0$$

可以看到

$$\min_{x \in \mathbb{R}} f(x) + ag(x) = f(x_0) + ag(x_0) = f(x_0)$$

作为最直接的推论

$$\max_{a \geqslant 0} \min_{x \in \mathbb{R}} (f(x) + ag(x)) \geqslant f(x_0)$$

最后得到

$$\max_{a \geqslant 0} \min_{x \in \mathbb{R}} (f(x) + ag(x)) = f(x_0)$$

证毕

7.8 L^1 过滤

下面来考虑一个 L^1 的过滤问题。给出一个向量 $\boldsymbol{y}$，为了得到一个对于 $\boldsymbol{y}$ 具有逼近效果同时又具有一定光滑性的 $\boldsymbol{x}$，考虑下面的极小值问题

$$\min_{\boldsymbol{x}} \|\boldsymbol{x} - \boldsymbol{y}\|^2 + \lambda |\boldsymbol{D}\boldsymbol{x}|$$

其中，$\boldsymbol{D}$ 是一个 $k \times n$ 的矩阵，即

$$\boldsymbol{D} = \begin{pmatrix} -1 & 1 & & & \\ & -1 & 1 & & \\ & & \ddots & \ddots & \\ & & & -1 & 1 \end{pmatrix}$$

而且这里定义了一个新的 L^1 距离，使得对于任意 $z \in \mathbb{R}^k$，有

$$|z| = |z_1| + |z_2| + \cdots + |z_k|$$

现在将上面的问题通过对偶问题进行转换。如果定义 $f(z) = |z|$，那么首先这个函数是一个凸函数，其次这个函数的对偶函数为

$$f^*(\boldsymbol{u}) = \begin{cases} 0 & |\boldsymbol{u}_i| \leqslant 1 \\ \infty & \text{其他} \end{cases}$$

从而将上述极值问题转换为

$$\min_{\boldsymbol{x}} \left(\|\boldsymbol{x} - \boldsymbol{y}\|^2 + \lambda \max_{\boldsymbol{u}} \left((\boldsymbol{Dx})^{\mathrm{T}} \boldsymbol{u} - f^*(\boldsymbol{u}) \right) \right)$$

$$= \min_{\boldsymbol{x}} \max_{\boldsymbol{u}} \left(\|\boldsymbol{x} - \boldsymbol{y}\|^2 + \lambda (\boldsymbol{Dx})^{\mathrm{T}} \boldsymbol{u} - f^*(\boldsymbol{u}) \right)$$

$$= \max_{\boldsymbol{u}} \min_{\boldsymbol{x}} \left(\|\boldsymbol{x} - \boldsymbol{y}\|^2 + \lambda (\boldsymbol{Dx})^{\mathrm{T}} \boldsymbol{u} - f^*(\boldsymbol{u}) \right)$$

内层的优化问题有解答

$$\boldsymbol{x} = \boldsymbol{y} - \frac{1}{2} \lambda \boldsymbol{D}^{\mathrm{T}} \boldsymbol{u}$$

最后，原先问题的优化问题转换为

$$\begin{cases} \sup_{\boldsymbol{u}} \left(-\dfrac{1}{4} \lambda^2 \left| \boldsymbol{D}^{\mathrm{T}} \boldsymbol{u} \right|^2 + \lambda \boldsymbol{y}^{\mathrm{T}} \boldsymbol{D}^{\mathrm{T}} \boldsymbol{u} \right) \\ \text{s.t. } |\boldsymbol{u}_i| \leqslant 1 \end{cases}$$

即转换为一个二次优化问题。这个二次优化问题的数值解就可以很容易得到了。

现在回到前面在线性回归一章中讲到的 Lasso 回归，可以进行同样的处理。在 Lasso 回归中，需要优化的函数是

$$\min_{\boldsymbol{w}} |\boldsymbol{Xw} - \boldsymbol{y}|^2 + \lambda |\boldsymbol{w}|$$

借助于上述对偶问题的表述可以写成

$$\min_{\boldsymbol{w}} \left(\|\boldsymbol{Xw} - \boldsymbol{y}\|^2 + \lambda \max_{\boldsymbol{u}} \left(\boldsymbol{w}^{\mathrm{T}} \boldsymbol{u} - f^*(\boldsymbol{u}) \right) \right)$$

$$= \min_{\boldsymbol{w}} \max_{\boldsymbol{u}} \left(\|\boldsymbol{Xw} - \boldsymbol{y}\|^2 + \lambda (\boldsymbol{x})^{\mathrm{T}} \boldsymbol{u} - f^*(\boldsymbol{u}) \right)$$

$$= \max_{\boldsymbol{u}} \min_{\boldsymbol{w}} \left(\|\boldsymbol{Xw} - \boldsymbol{y}\|^2 + \lambda (\boldsymbol{x})^{\mathrm{T}} \boldsymbol{u} - f^*(\boldsymbol{u}) \right)$$

但是最后优化问题中的

$$\min_{\boldsymbol{w}} \left(\|\boldsymbol{Xw} - \boldsymbol{y}\|^2 + \lambda (\boldsymbol{x})^{\mathrm{T}} \boldsymbol{u} - f^*(\boldsymbol{u}) \right)$$

是有闭形式解的，而且解 $\boldsymbol{w}$ 是 $\boldsymbol{y}, \boldsymbol{u}$ 的一个线性函数，带入以后成为 $\boldsymbol{u}$ 的一个二次函数。这样，原始的 Lasso 问题就成为 $\boldsymbol{u}$ 的一个二次规划问题。

第8章 支持向量机

支持向量机也属于分类方法之一。但是和逻辑回归不一样,支持向量机基于几何方法,而不是概率的方法。支持向量机通过了核函数,具有天然升维的特点。

8.1 点到平面的距离

在平面解析几何中有一个基本问题,就是一个点到一条直线的距离是多少。这个问题用方程表示如下:在 (x, y) 平面上有一条直线,其方程为

$$ax + by + c = 0$$

而一个点 (x_0, y_0) 不在这条直线上,过该点作这条直线的垂线,垂足为点 (x_1, y_1),那么两个点之间的距离应为

$$l = \frac{|ax_0 + by_0 + c|}{\sqrt{a^2 + b^2}}$$

显然,如果点 (x_0, y_0) 就在直线上,那么距离为零。而且如果利用这条直线在平面上的分类,将直线一边的点分为正,另外一边的点分为负,那么带符号的距离可以定义为

$$l = \frac{ax_0 + by_0 + c}{\sqrt{a^2 + b^2}}$$

其中,$l > 0$ 代表一类,$l < 0$ 代表另外一类,其绝对值就是垂直距离。

一般的,对于在 $\mathbb{R}^n$ 空间中的一个点 x_0,同时给出 $\mathbb{R}^n$ 空间中的超平面方程

$$\boldsymbol{w}^{\mathrm{T}} \boldsymbol{x} + b = 0$$

点 x_0 到这个超平面的带符号距离为

$$l = \frac{\boldsymbol{w}^{\mathrm{T}} \boldsymbol{x}_0 + b}{|\boldsymbol{w}|}$$

下面进行说明。假设平面上距离 x_0 最近的点为 x_1,那么有

$$\boldsymbol{w}^{\mathrm{T}} \boldsymbol{x}_1 + b = 0$$

另一方面,因为 $x_0 - x_1$ 和这个平面垂直,所以有

$$\boldsymbol{x}_0 - \boldsymbol{x}_1 = l \frac{\boldsymbol{w}}{|\boldsymbol{w}|}$$

其中，l 就是点到超平面的带符号距离，把 $\boldsymbol{x}_1 = \boldsymbol{x}_0 - l\dfrac{\boldsymbol{w}}{|\boldsymbol{w}|}$ 带入超平面的方程中，就有

$$\boldsymbol{w}^{\mathrm{T}}\boldsymbol{x}_0 + b - l|\boldsymbol{w}| = 0$$

整理可得

$$l = \frac{\boldsymbol{w}^{\mathrm{T}}\boldsymbol{x}_0 + b}{|\boldsymbol{w}|}$$

8.2　支持向量机的原理

在 $\mathbb{R}^n$ 维空间中有一组点，用颜色分成两个部分，利用超平面的方法进行分类。给出的点集为

$$(x_1, y_1), (x_2, y_2), \cdots, (x_n, y_n)$$

其中，$\boldsymbol{x}_i \in \mathbb{R}^k$，$y_i = \{1, -1\}$。

超平面的方程可以记录为 $\boldsymbol{w}^{\mathrm{T}}\boldsymbol{x} + b = 0$，任何一点 $x \in \mathbb{R}^k$ 距离这个超平面的距离为

$$\frac{(\boldsymbol{w}^{\mathrm{T}}\boldsymbol{x} + b)}{|\boldsymbol{w}|}$$

如果给出上面一组点集，使用超平面的方法进行分类，就是寻找 $\boldsymbol{w} \in \mathbb{R}^k$，使得对于每个 i 都有

$$y_i(\boldsymbol{w}^{\mathrm{T}}\boldsymbol{x}_i + b) > 0$$

成立。因为上述不等式总是可以调节 $\boldsymbol{w}, b$，使得

$$y_i(\boldsymbol{w}^{\mathrm{T}}\boldsymbol{x}_i + b) > 1$$

这样，在正确分类的超平面存在的情况下，点 x_i 到超平面的距离为

$$\frac{y_i(\boldsymbol{w}^{\mathrm{T}}\boldsymbol{x}_i + b)}{|\boldsymbol{w}|}$$

我们希望有一个超平面使得分类正确，同时也希望这个超平面把两边点尽量分离。为此，计算所有点到超平面的最近距离

$$\min_i \frac{y_i(\boldsymbol{w}^{\mathrm{T}}\boldsymbol{x}_i + b)}{|\boldsymbol{w}|}$$

但是希望这个值尽量大。综上所述，可以把分类问题转换为一个 Minimax 的优

化问题

$$\max_{\boldsymbol{w},b}\min_i \frac{y_i(\boldsymbol{w}^{\mathrm{T}}\boldsymbol{x}_i+b)}{|\boldsymbol{w}|} = \max_{\boldsymbol{w},b}\frac{\min_i y_i(\boldsymbol{w}^{\mathrm{T}}\boldsymbol{x}_i+b)}{|\boldsymbol{w}|}$$

但是这里 $\boldsymbol{w},b$ 都是可以伸缩的，所以这时一般可以考察其等价问题。首先，可以看到固定了 $\boldsymbol{w}$ 的长度以后，有

$$\begin{cases} \max\limits_{\boldsymbol{w},b}\big(\min\limits_i y_i(\boldsymbol{w}^{\mathrm{T}}\boldsymbol{x}_i+b)\big) \\ |\boldsymbol{w}| = 1 \end{cases}$$

第一个问题是控制住 $y(\boldsymbol{w}^{\mathrm{T}}\boldsymbol{x}+b)$ 的下界，使得 $\boldsymbol{w}$ 模长尽量小，所以可以考察下面的问题

$$\begin{cases} \min\limits_{\boldsymbol{w}} |\boldsymbol{w}|^2 \\ y_i(\boldsymbol{w}^{\mathrm{T}}\boldsymbol{x}_i+b) \geqslant 1, \quad 1 \leqslant i \leqslant n \end{cases}$$

第二个问题就是一个二次优化问题。

一般的二次规划问题可以写成以下形式

$$\begin{cases} \min \boldsymbol{u}^{\mathrm{T}}\boldsymbol{Q}\boldsymbol{u}+\boldsymbol{p}^{\mathrm{T}}\boldsymbol{u} \\ \text{subject } \boldsymbol{A}\boldsymbol{u} \geqslant \boldsymbol{c} \end{cases}$$

其中，$\boldsymbol{Q}$ 是一个 n 阶方阵，$\boldsymbol{u} \in \mathbb{R}^n$ 是自变量，$\boldsymbol{p}$ 是一个 n 维向量，$\boldsymbol{A}$ 是一个 $k \times n$ 的矩阵，$\boldsymbol{c}$ 是一个 k 维的向量。

二次规划问题属于凸优化的一种，有很多现成的算法。归结到我们面临的问题，可以扩张矩阵和向量的维数为

$$\tilde{\boldsymbol{W}} = \begin{pmatrix} \boldsymbol{w} \\ b \end{pmatrix}, \boldsymbol{Q} = \begin{pmatrix} \boldsymbol{I} & \boldsymbol{0} \\ \boldsymbol{0} & \boldsymbol{0} \end{pmatrix}$$

同时构造

$$\boldsymbol{A} = \begin{pmatrix} y_1\boldsymbol{x}_1^{\mathrm{T}} \\ \vdots \\ y_n\boldsymbol{x}_n^{\mathrm{T}} \end{pmatrix}, \boldsymbol{C} = \begin{pmatrix} 1-y_1 b \\ \vdots \\ 1-y_n b \end{pmatrix}$$

所以，支持向量机的计算可以用二次规划完成。

8.3 对偶问题

对于一般的二次规划问题,可以探索和传统的 Lagrange 乘子法的联系和区别。事实上,如果

$$\boldsymbol{A}u_0 \geqslant \boldsymbol{c}$$

那么显然

$$\max_{\boldsymbol{a} \geqslant 0} a^{\mathrm{T}}(\boldsymbol{c} - \boldsymbol{A}u_0) = 0$$

因为 $\boldsymbol{A}u_0 \geqslant \boldsymbol{c}$,所以除非 $a = 0$,不然就会得到负的数值。这样,如果原来的问题有解 u_0,那么

$$\min_{\boldsymbol{u}} \max_{\boldsymbol{a} \geqslant 0} \boldsymbol{u}^{\mathrm{T}}\boldsymbol{Q}\boldsymbol{u} + \boldsymbol{P}^{\mathrm{T}}\boldsymbol{u} + a(\boldsymbol{c} - \boldsymbol{A}\boldsymbol{u})$$

的解 u_1 也一定是原来问题的解。

现在引入拉格朗日乘子为

$$\mathcal{L}(\boldsymbol{u},a) = \frac{1}{2}\boldsymbol{u}^{\mathrm{T}}\boldsymbol{Q}\boldsymbol{u} + \boldsymbol{p}^{\mathrm{T}}\boldsymbol{u} + a(\boldsymbol{c} - \boldsymbol{A}\boldsymbol{u})$$

那么原来的问题就是

$$\min_{\boldsymbol{u}} \max_{\boldsymbol{a} \geqslant 0} \mathcal{L}(\boldsymbol{u},a)$$

根据凸性的对偶定理,这个问题可以转换为以下问题

$$\min_{\boldsymbol{u}} \max_{\boldsymbol{a} \geqslant 0} \mathcal{L}(u,a) = \max_{\boldsymbol{a} \geqslant 0} \min_{\boldsymbol{u}} \mathcal{L}(u,a)$$

再回到支持向量机的问题。仿照上面的过程来构造对偶问题。原始问题是

$$\begin{cases} \min_{\boldsymbol{w}} |\boldsymbol{w}|^2 \\ y_i(\boldsymbol{w}^{\mathrm{T}}\boldsymbol{x}_i + b) \geqslant 1, \quad i = 1,2,\cdots,n \end{cases}$$

或者写成

$$\min_{\boldsymbol{w},b} \max_{a_i \geqslant 0} \frac{1}{2}\boldsymbol{w}^{\mathrm{T}}\boldsymbol{w} + \sum_{i=1}^{k} a_i(1 - y_i(\boldsymbol{w}^{\mathrm{T}}\boldsymbol{x}_i + b))$$

那么,其对偶问题就成为

$$\max_{a_i \geqslant 0} \min_{\boldsymbol{w},b} \frac{1}{2}\boldsymbol{w}^{\mathrm{T}}\boldsymbol{w} + \sum_{i=1}^{k} a_i(1 - y_i(\boldsymbol{w}^{\mathrm{T}}\boldsymbol{x}_i + b))$$

在固定 $a_i \geqslant 0$ 以后，第一层的极小值问题比较容易得到解答，只要对 $\boldsymbol{w}, b$ 求解梯度，令其为零，就得到

$$\sum_{i=1}^{k} a_i y_i = 0$$

同时可以得到

$$\boldsymbol{w} = \sum_{i=1}^{k} a_i y_i \boldsymbol{x}_i$$

当 k 充分大时，这样 $a_i > 0$ 的个数 i 不是很多，所以最后定义

$$\boldsymbol{w} = \sum_{a_i > 0} a_i y_i \boldsymbol{x}_i$$

那些 $a_i > 0$ 的 $\boldsymbol{x}_i$ 称为支撑向量。当把

$$\boldsymbol{w} = \sum_{a_i > 0} a_i y_i \boldsymbol{x}_i$$

带回到上面时，原始的优化问题就转换为

$$\begin{cases} \max_{a_i \geqslant 0} \left(-\dfrac{1}{2} \sum_{i,j} y_i y_j a_i a_j \boldsymbol{x}_i^{\mathrm{T}} \boldsymbol{x}_j + \sum_i a_i \right) \\ \text{subject} \sum_i a_i y_i = 0, \quad a_i \geqslant 0 \end{cases}$$

这就成为一个典型的二次规划问题，但是这个二次规划不是关于 $\boldsymbol{w}$ 的，而是关于 a_i 的二次规划。

给出最后的 a_i 以后，因为要满足

$$y_i(\boldsymbol{w}^{\mathrm{T}} \boldsymbol{x}_i + b) \geqslant 1$$

所以有

$$b y_i \geqslant 1 - y_i \boldsymbol{w}^{\mathrm{T}} \boldsymbol{x}_i$$

而且至少有一个 $\boldsymbol{s}$，使得

$$b y_i = 1 - y_i \boldsymbol{w}^{\mathrm{T}} \boldsymbol{x}_i$$

两边同时乘以 y_i，就有

$$b = y_i - \boldsymbol{w}^{\mathrm{T}} \boldsymbol{x}_i$$

得到固定的 $\boldsymbol{w}$ 和 b 以后，就有了最后的假设

$$g(\boldsymbol{x}) = \text{sign}(\boldsymbol{w}^{\text{T}}\boldsymbol{x} + b) = \text{sign}\left(\sum_{i=1}^{n} a_i y_i \boldsymbol{x}_i^{\text{T}} \boldsymbol{x} + b \right)$$

但是，只有那些正的 $a_i > 0$ 才有意义，所以

$$g(\boldsymbol{x}) = \text{sign}\left(\sum_{a_i > 0} a_i y_i \boldsymbol{x}_i^{\text{T}} \boldsymbol{x} + b \right)$$

这样就完成了支持向量机的超平面构造过程。平面点集分类的效果如图 8.1所示。

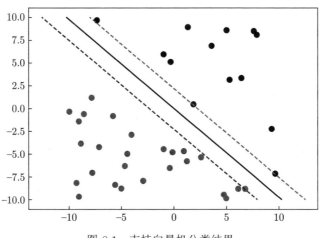

图 8.1　支持向量机分类结果

8.4　核函数的方法

对于两个线性空间，例如 $\mathcal{X} = \mathbb{R}^m, \mathcal{Z} = \mathbb{R}^n$，可以给出一个非线性变换

$$\Phi : \mathcal{X} \to \mathcal{Z}, \quad \boldsymbol{z} = \Phi(x)$$

建立两个空间之间的联系。利用 $\mathcal{Z}$ 上的欧式距离定义，就类似地给出

$$K(\boldsymbol{x}, \boldsymbol{x}) = (\Phi(x), \Phi(x))$$

在 $\mathcal{X}$ 上的非线性二次型。从上一节可以看到，支持向量机的形式为

$$\max_{a_i \geqslant 0} -\frac{1}{2} \sum_{i,j} y_i y_j a_i a_j \boldsymbol{x}_i^{\text{T}} \boldsymbol{x}_j + \sum_i a_i$$

其中，出现的函数形式为 $\boldsymbol{x}_i^{\text{T}} \boldsymbol{x}_j$。这个函数形式是一个典型的欧式距离下面的二次型。但是，如果选择了一个非线性变换 $\Phi(x)$，就可以替代上面的二次型，从而有

$$\max_{a_i \geqslant 0} -\frac{1}{2} \sum_{i,j} y_i y_j a_i a_j \boldsymbol{z}_i^{\mathrm{T}} \boldsymbol{z}_j + \sum_i a_i$$

进一步，跨过非线性变换 $\Phi(x)$ 直接得到一个非线性二次型

$$K(\boldsymbol{x}, \boldsymbol{y}) : \mathbb{R}^n \times \mathbb{R}^n \to \mathbb{R}$$

其中，最起码的条件是 $K(\boldsymbol{x}, \boldsymbol{y}) = K(\boldsymbol{y}, \boldsymbol{x})$。在这个非线性二次型下面，重新定义优化问题

$$\begin{cases} \max_{a_i \geqslant 0} -\dfrac{1}{2} \sum_{i,j} y_i y_j a_i a_j \boldsymbol{K}(\boldsymbol{x}_i, \boldsymbol{x}_j) + \sum_i a_i \\ \sum_i a_i y_i = 0, \quad a_i \geqslant 0 \end{cases}$$

解得这个优化问题以后，令

$$b = y_s - \sum_{a_i > 0} y_i a_i K(\boldsymbol{x}_i, \boldsymbol{x}_s)$$

那么，最后的假设就是

$$g(\boldsymbol{x}) = \mathrm{sign}\left(\sum_{a_i > 0} y_i a_i K(\boldsymbol{x}_i, \boldsymbol{x}) + b \right)$$

作为一个核函数，应该满足什么条件呢？一般假设一个对称的函数

$$K(\boldsymbol{x}, \boldsymbol{y}) : \mathcal{X} \times \mathcal{X} \to \mathbb{R}$$

如果这个核函数来源于一个映射

$$K(\boldsymbol{x}, \boldsymbol{y}) = (\Phi(x), \Phi(y))$$

那么对于任意一组 $x_1, x_2, \cdots, x_n$，必然有

$$\begin{pmatrix} K(\boldsymbol{x}_1, \boldsymbol{x}_1) & K(\boldsymbol{x}_1, \boldsymbol{x}_2) & \cdots & K(\boldsymbol{x}_1, \boldsymbol{x}_n) \\ K(\boldsymbol{x}_2, \boldsymbol{x}_1) & K(\boldsymbol{x}_2, \boldsymbol{x}_2) & \cdots & K(\boldsymbol{x}_2, \boldsymbol{x}_n) \\ \vdots & \vdots & \ddots & \vdots \\ K(\boldsymbol{x}_n, \boldsymbol{x}_1) & K(\boldsymbol{x}_n, \boldsymbol{x}_2) & \cdots & K(\boldsymbol{x}_n, \boldsymbol{x}_n) \end{pmatrix}$$

$$= \begin{pmatrix} (\Phi(x_1), \Phi(x_1)) & (\Phi(x_1), \Phi(x_2)) & \cdots & (\Phi(x_1), \Phi(x_n)) \\ (\Phi(x_2), \Phi(x_1)) & (\Phi(x_2), \Phi(x_2)) & \cdots & (\Phi(x_2), \Phi(x_n)) \\ \vdots & \vdots & \ddots & \vdots \\ (\Phi(x_n), \Phi(x_1)) & (\Phi(x_n), \Phi(x_2)) & \cdots & (\Phi(x_n), \Phi(x_n)) \end{pmatrix}$$

是一个半正定矩阵。反之也成立，即如果上面的矩阵是半正定的，那么对应一个

映射 Φ，使得

$$K(\boldsymbol{x}, \boldsymbol{y}) = (\Phi(x), \Phi(y))$$

成立。具体证明不再叙述。

常见的 Kernel 有下面几种。

(1) 对于 $a, b > 0$，定义

$$K(\boldsymbol{x}, \boldsymbol{y}) = a + b\boldsymbol{x}^{\mathrm{T}}\boldsymbol{y}$$

(2) 指数距离

$$K(\boldsymbol{x}, \boldsymbol{y}) = (a + b\boldsymbol{x}^{\mathrm{T}}\boldsymbol{y})^m$$

(3) 高斯距离

$$K(\boldsymbol{x}, \boldsymbol{y}) = \mathrm{e}^{-\gamma\|\boldsymbol{x}-\boldsymbol{y}\|^2}$$

一般情况下，一个函数 $K(\boldsymbol{x}, \boldsymbol{y})$ 可以作为一个 Kernel，当且仅当

$$\begin{bmatrix} K(\boldsymbol{x}_1, \boldsymbol{x}_1) & K(\boldsymbol{x}_1, \boldsymbol{x}_2) & \cdots & K(\boldsymbol{x}_1, \boldsymbol{x}_n) \\ K(\boldsymbol{x}_2, \boldsymbol{x}_1) & K(\boldsymbol{x}_2, \boldsymbol{x}_2) & \cdots & K(\boldsymbol{x}_2, \boldsymbol{x}_n) \\ \vdots & \vdots & \ddots & \vdots \\ K(\boldsymbol{x}_n, \boldsymbol{x}_1) & K(\boldsymbol{x}_n, \boldsymbol{x}_2) & \cdots & K(\boldsymbol{x}_n, \boldsymbol{x}_n) \end{bmatrix}$$

是一个正定矩阵，在第一种函数下，容易得到

$$\Phi(x) = (\sqrt{b}x, \sqrt{a}) : \mathbb{R}^n \to \mathbb{R}^{n+1}$$

是一个简单的升维。

在第二种函数的特殊情况下，例如 $m = 2$，有

$$K(\boldsymbol{x}, \boldsymbol{y}) = a^2 + 2ab\boldsymbol{x}^{\mathrm{T}}\boldsymbol{y} + (\boldsymbol{x}^{\mathrm{T}}\boldsymbol{y})^2$$

这就对应着一个升维的映射

$$\Phi(x) = (a, \sqrt{2ab}x, \boldsymbol{x}_i\boldsymbol{x}_j) : \mathbb{R}^n \to \mathbb{R}^{n+1+n^2})$$

对应高斯函数的核函数，也可以验证相当于升维到无穷空间。

8.5 软性支持向量机

当待分类的点集已经是完全可分时，可以使用上面讲述的支持向量机；当给出的点未必是完全可分时，需要构造一个软性的支持向量机模型。受到一次规划解决感知机模型中的启发，再来看下面的问题

$$\min_{\boldsymbol{w},b} \frac{1}{2}|\boldsymbol{w}|^2 + \lambda \sum_{i=1}^{n} \xi_i$$

$$y_i(\boldsymbol{w}^{\mathrm{T}}\boldsymbol{x}_i + b) \geqslant 1 - \xi_i, \xi \geqslant 0$$

这个问题也可以使用对偶方法进行解答。首先来看下面的问题

$$\min_{\boldsymbol{w},b,\xi} \max_{a_i \geqslant 0} \frac{1}{2}|\boldsymbol{w}|^2 + \lambda \sum_{i=1}^{n} \xi_i + \sum_{i=1}^{n} a_i \left(1 - \xi_i - y_i(\boldsymbol{w}^{\mathrm{T}}\boldsymbol{x}_i + b)\right)$$

同样的，针对对偶问题，可以交换次序，从而可以研究下面的问题

$$\max_{a_i,b_i \geqslant 0} \min_{\boldsymbol{w},b,\xi} \frac{1}{2}|\boldsymbol{w}|^2 + \lambda \sum_{i=1}^{n} \xi_i + \sum_{i=1}^{n} a_i \left(1 - \xi_i - y_i(\boldsymbol{w}^{\mathrm{T}}\boldsymbol{x}_i + b)\right) - \sum_{i=1}^{n} b_i\xi_i$$

处于第一层的优化问题的解是

$$\boldsymbol{w} = \sum_{i=1}^{n} a_i y_i \boldsymbol{x}_i$$

$$\sum_{i=1}^{n} a_i y_i = 0$$

$$a_i + b_i = \lambda$$

带入上面就有

$$\max_{a_i,b_i \geqslant 0} -\frac{1}{2} \sum_{i,j=1}^{n} a_i a_j y_i y_j \boldsymbol{x}_i^{\mathrm{T}} \boldsymbol{x}_j + \sum_{i=1}^{n} a_i$$

$$\text{subject} \sum_{i=1}^{n} a_i y_i = 0, \quad 0 \leqslant a_i \leqslant \lambda$$

在上面的问题中，当 λ 很大时，主要集中在 $|\boldsymbol{w}|^2$ 一项；当 λ 比较小时，集中在后面一项。

在软性支持向量机的模型中，可以加入核函数 $K(\boldsymbol{x},\boldsymbol{y})$。跟前面的推导一样，这里核函数的意义是对于一个映射 Φ，使得

$$K(\boldsymbol{x},\boldsymbol{y}) = (\Phi(x),\Phi(y))$$

在加入核函数以后，优化问题成为

$$\max_{a_i,b_i \geqslant 0} -\frac{1}{2} \sum_{i,j=1}^{n} a_i a_j y_i y_j K(\boldsymbol{x}_i,\boldsymbol{x}_j) - \sum_{i=1}^{n} a_i$$

$$\text{subject} \sum_{i=1}^{n} a_i y_i = 0, \quad 0 \leqslant a_i \leqslant \lambda$$

最后，根据超曲面进行分类，有

$$g(\boldsymbol{x}) = \text{sign}\left(\sum_{a_i > 0} y_i a_i K(\boldsymbol{x}_i, \boldsymbol{x}) + b\right)$$

8.6 支持向量机回归

支持向量机不仅可以解决分类问题，还可以解决回归问题。给出一组数据

$$(\boldsymbol{x}_1, \boldsymbol{y}_1), (\boldsymbol{x}_2, \boldsymbol{y}_2), \cdots, (\boldsymbol{x}_n, \boldsymbol{y}_n)$$

其中 $\boldsymbol{x}_i \in \mathbb{R}^k$，这里的标签 $y_i \in \mathbb{R}$ 可以取连续值。如果这里的关系是一个线性关系，那么就有

$$\boldsymbol{y}_i = \boldsymbol{w}^{\text{T}} \boldsymbol{x}_i + b$$

其中 $\boldsymbol{w} \in \mathbb{R}^k, b \in \mathbb{R}$。在产生噪声的情况下，不能指望等式成立，所以只能给出一个区间

$$-\xi_i \leqslant y_i - (\boldsymbol{w}^{\text{T}} \boldsymbol{x}_i + b) \leqslant \xi_i$$

和前面支持向量机的讨论一样，这个问题可以转换为下面的优化问题

$$\begin{cases} \min_{\boldsymbol{w}} ||\boldsymbol{w}||^2 + C \sum_i^n \xi_i \\ \text{subject} -\xi_i \leqslant y_i - (\boldsymbol{w}^{\text{T}} \boldsymbol{x}_i + b) \leqslant \xi_i, \quad \xi_i \geqslant 0 \end{cases}$$

使用同样的方法，将问题改进为

$$\min_{\boldsymbol{w}} \max_{a_i, b_i, c_i \geqslant 0} 1/2 ||\boldsymbol{w}||^2 + C \sum_i^n \xi_i$$

$$+ \sum_{i=1}^n \left(a_i(-\xi_i + y_i - (\boldsymbol{w}^{\text{T}} \boldsymbol{x}_i + b)) + b_i(-\xi_i - y_i + (\boldsymbol{w}^{\text{T}} \boldsymbol{x}_i + b)) - c_i \xi_i \right)$$

同样使用 Minimax 的方法，有

$$\begin{cases} \max_{a_i, b_i} -\frac{1}{2}(a_i - b_i)(a_j - b_j) \boldsymbol{x}_i^{\text{T}} \boldsymbol{x}_j + \sum_{i=1}^n (a_i - b_i) y_i \\ \sum_{i=1}^n (a_i - b_i) = 0, \quad 0 \leqslant a_i, b_i \leqslant C \end{cases}$$

而这又是一个二次规划问题。在引入核函数 $K(\boldsymbol{x}, \boldsymbol{y})$ 以后，结果为优化问题

$$\begin{cases} \max_{a_i, b_i} -\dfrac{1}{2}(a_i - b_i)(a_j - b_j)K(\boldsymbol{x}_i, \boldsymbol{x}_j) + \displaystyle\sum_{i=1}^{n}(a_i - b_i)y_i \\ \displaystyle\sum_{i=1}^{n}(a_i - b_i) = 0, \quad 0 \leqslant a_i, b_i \leqslant C \end{cases}$$

最终的回归函数为

$$g(\boldsymbol{x}) = \sum_{i=1}^{n}(a_i - b_i)K(\boldsymbol{x}_i, \boldsymbol{x}) + b$$

习　　题

(1) 使用二次规划自行编写解支持向量机的模型。

$$\begin{cases} \min_{\boldsymbol{w}, b} \|\boldsymbol{w}\|^2 \\ y_i(\boldsymbol{w}^{\mathrm{T}}\boldsymbol{x}_i + b) \geqslant 1 \end{cases}$$

将其使用到之前使用过的平面二分类点集上，并标出支持向量。

(2) 使用对偶以后的二次规划自行编写解支持向量机的模型。

$$\begin{cases} \max_{a_i \geqslant 0} \left(-\dfrac{1}{2}\displaystyle\sum_{i,j} y_i y_j a_i a_j \boldsymbol{x}_i^{\mathrm{T}}\boldsymbol{x}_j + \displaystyle\sum_{i} a_i \right) \\ \displaystyle\sum_{i} a_i y_i = 0, \quad a_i \geqslant 0 \end{cases}$$

将其使用到之前使用过的平面二分类点集上，并标出支持向量。

(3) 构造平面不可分点集，使用软性支持向量机进行分类。

(4) 在二维平面构造单位圆或者椭圆（或者双曲线、抛物线等），取圆内若干点和圆外若干点，边界上可以有噪声点，使用支持向量机的方法进行分类。

(5) 使用以前的 Credit Card 数据、Breast Cancer 数据和 mnist 手写数据，并使用支持向量机的方法再进行线性分类，比较不同方法之间的效果。

第9章 神经网络

神经网络日益成为深度学习的重要模型。从图像识别到自然语义的分析都有使用。神经网络虽然从学习角度上看属于深度学习,但是从原理上看并不困难。前面介绍的各种模型可分为两类:一类是概率模型;另一类是以函数逼近为原理的模型。本章将从函数逼近的角度展开对神经网络的介绍。

9.1 简单函数逼近复杂函数

首先考虑一个数学问题:是否可以用简单函数来逼近复杂的函数呢?例如,一种简单的折线函数(如图 9.1 所示)

$$f(x) = \max(x - b, 0) = (x - b)^+$$

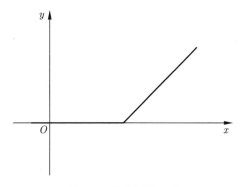

图 9.1 简单折线函数

事实上这是可以做到的。一般对于任意函数 $f(x)$,总是有

$$f(x) = f(0) + xf'(0) + \int_0^\infty f''(t)(x-t)^+\mathrm{d}t + \int_{-\infty}^0 f''(t)(t-x)^+\mathrm{d}t$$

上述公式是利用分部积分从下面的公式证明而来的。

$$f(x) = f(0) + xf'(0) + \int_0^x (x-t)f''(t)\,\mathrm{d}t$$

从这个公式可以看到,对于一个光滑函数 $f(x)$,应有若干常数 a_k, b_k, c_k, d_k,使得

$$f(x) \sim ax + b + \sum c_k(x-a_k)^+ + \sum d_k(b_k-x)^+$$

从几何意义上讲，任何一个曲线都可以被分段直线所逼近。所以，从这个意义上来说，可以用线性函数和一系列折线函数的线性组合来逼近任何函数。

在高维时，可以考虑使用简单感知机来实现更多的逻辑运算。当有两个不同的向量 $\boldsymbol{w}_1, \boldsymbol{w}_2$ 时，可以看到

$$\mathrm{sign}(\boldsymbol{w}_1^{\mathrm{T}}\boldsymbol{x}) = \boldsymbol{0}, \quad \mathrm{sign}(\boldsymbol{w}_2^{\mathrm{T}}\boldsymbol{x}) = \boldsymbol{0}$$

把平面划分为四个不同的区域，如图 9.2 所示。

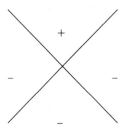

图 9.2　感知机复合

在这个平面上，分别考虑 $\mathrm{sign}(\boldsymbol{w}_i^{\mathrm{T}}\boldsymbol{x}) < 0$ 和 $\mathrm{sign}(\boldsymbol{w}_i^{\mathrm{T}}\boldsymbol{x}) > 0$，可以看到，在它们相交出来的四分之一区域，是由

$$\{\mathrm{sign}(\boldsymbol{w}_1^{\mathrm{T}}\boldsymbol{x}) \geqslant 0\} \cap \{\mathrm{sign}(\boldsymbol{w}_2^{\mathrm{T}}\boldsymbol{x}) \geqslant 0\}$$

所刻画的。这就等价于布尔代数中的"和"。如果一个分类问题在这个四分之一的区域为正，在其他区域为负，应该如何实现呢？考虑函数

$$\mathrm{sign}(x_1 + x_2 - 1.5) = 1$$

因为 $\mathrm{sign}(x_1 + x_2 - 1.5) = 1$ 当且仅当 $x_1 = x_2 = 1$ 时成立，所以上面所说的四个区域都可以用感知机的复合函数来实现。同样，布尔代数中的"或"

$$\{\mathrm{sign}(\boldsymbol{w}_1^{\mathrm{T}}\boldsymbol{x}) \geqslant 0\} \cup \{\mathrm{sign}(\boldsymbol{w}_2^{\mathrm{T}}\boldsymbol{x}) \geqslant 0\}$$

可以这样实现

$$\mathrm{sign}(x_1 + x_2 + 0.5) = 1$$

因为 $\mathrm{sign}(x_1 + x_2 + 0.5) = 1$ 当且仅当 x_1, x_2 其中的一个等于 1 时成立，所以上面所说的四个区域都可以用感知机的复合函数来实现。

这个实施的过程可以分成两步。第一步，构造两个感知机模型

$$y_1 = \mathrm{sign}(\boldsymbol{w}_1^{\mathrm{T}}\boldsymbol{x}), \quad y_2 = \mathrm{sign}(\boldsymbol{w}_2^{\mathrm{T}}\boldsymbol{x})$$

第二步，使用 y_1, y_2 作为新的输入构造第二个感知机模型，可以令

$$z = \mathrm{sign}(y_1 + y_2 + 0.5)$$

完成了并集，而

$$z = \text{sign}(y_1 + y_2 - 0.5)$$

则完成了交集。

一般来讲，在一个 n 维空间中，由若干超平面构成了一个凸集合，那么在这个凸集合中取值为 1，之外取值为 −1，应如何构造呢？如果这些凸集合的边界是由超平面 $\boldsymbol{w}_1, \boldsymbol{w}_2, \cdots, \boldsymbol{w}_m$ 给出的，令

$$z_1 = \text{sign}(\boldsymbol{w}_1^{\mathrm{T}} \boldsymbol{x}_1), z_2 = \text{sign}(\boldsymbol{w}_2^{\mathrm{T}} \boldsymbol{x}_2), \cdots, z_m = \text{sign}(\boldsymbol{w}_m^{\mathrm{T}} \boldsymbol{x}_m)$$

令

$$f(x) = \text{sign}(z_1 + z_2 + \cdots + z_m - (m - 0.5))$$

显然有

$$f(x) = \begin{cases} 1, & \forall i, z_i > 0 \\ -1, & \exists i, z_i < 0 \end{cases}$$

$f(x) = 1$ 在凸集合中和凸集合外的分类如图 9.3 所示。

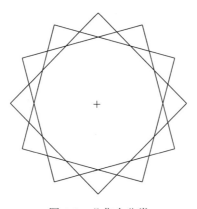

图 9.3 凸集合分类

9.2 神经网络结构

给定一组数据的样本 $(\boldsymbol{x}_1, y_1), (\boldsymbol{x}_2, y_2), \cdots, (\boldsymbol{x}_n, y_n)$，其中数据部分 $\boldsymbol{x}_i \in \mathbb{R}^k$，而标签 y_i 可以是一维实数，也可以是高维向量 $\boldsymbol{y}_i \in \mathbb{R}^N$。这些标签可以是连续型的标签，也可以是分类型的标签。为了学习从数据到标签之间的关系，可以构造

一般的神经网络结构, 从输入到输出, 中间有若干隐含层。输入层、输出层连同隐含层使用记号

$$l = 0, 1, \cdots, L$$

其中, 0 表示输入层, L 表示输出层。其他都是隐含层。每层的维度分别为

$$d = [k = d_0, d_1, \cdots, d_L = N]$$

在 d_l 层上, 有权重矩阵 $\boldsymbol{W}_{d_1 \times d_{l-1}}$, 同时输入 $\boldsymbol{z}^{l-1}$ 是一个 d_{l-1} 维向量, 输出 $\boldsymbol{z}^l$ 是一个 d_l 维向量。从 $\boldsymbol{z}^{l-1}$ 到 $\boldsymbol{z}^l$ 上的变换分成两步, 一是线性变换, 二是非线性变换, 使用激活函数。

$$\boldsymbol{z}^l = g\left(\boldsymbol{W}_{d_{l-1} \times d_l} \boldsymbol{z}^{l-1} + b_l\right)$$

其中 b_l 是一组常数, g 称为激活函数。激活函数有若干种:第一种是 $g(x) = (x)^+$; 第二种是 $g(x) = \operatorname{sign}(x)$; 第三种是 $g(x) = \tanh(x)$; 第四种是 $g(x) = \dfrac{1}{1 + \mathrm{e}^{-x}}$。最终输出函数为一个向量

$$\boldsymbol{z}^L = g\left(\boldsymbol{W}_{d_{L-1} \times d_L} \boldsymbol{z}^{L-1} + b_L\right)$$

对于任何一个样本内的数据 (x, y), 可以定义损失函数为

$$l(x) = \frac{1}{N} \sum_{i=1}^{N} \left(z_i^L - y_i\right)^2$$

对于所有的样本 $(x_1, y_1), (x_2, y_2), \cdots, (x_n, y_n)$, 整体的损失为

$$L_S = \frac{1}{n} \sum_{i=1}^{n} l(x_i)$$

这个神经网络依赖的参数就是那些每一步转移的线性变换 $\boldsymbol{W}$ 和常系数向量 $\boldsymbol{b}$。我们的目标就是调整这些矩阵和向量, 使得最后的误差最小。这个过程使用梯度下降法, 来计算对这些矩阵和向量的梯度。为了能够解答神经网络中的极值问题, 需要引入迭代过程

$$W(n+1) = W(n) - \eta \nabla_W L_S$$

那么计算这个偏导数就成为迭代的核心。但是这个迭代核心不能分别去计算, 会浪费很多的计算资源。利用链式法则, 可以很快计算出这个梯度。这个过程就是后向传播方法。如果把整个神经网络写成下面的链式格式

$$\cdots \to \boldsymbol{z}^i \to \boldsymbol{w}_i = \boldsymbol{W}_{i+1}^{\mathrm{T}} \boldsymbol{z}^i \to \boldsymbol{z}^{i+1} = g\left(\boldsymbol{w}^i\right) \to \boldsymbol{w}^{i+1} = \boldsymbol{W}_{i+1} \boldsymbol{z}^{i+1} \to \cdots$$

根据链式法则, 有求导公式

$$\frac{\partial \boldsymbol{z}^{i+1}}{\boldsymbol{W}_{i+1}} = \frac{\partial \boldsymbol{z}^{i+1}}{\partial \boldsymbol{w}^i}\frac{\partial \boldsymbol{z}^i}{\partial \boldsymbol{W}_{i+1}}$$

$$= g'\left(\boldsymbol{z}^i\right)\boldsymbol{w}^{i+1}$$

如果把链式法则写出多步, 就是

$$\frac{\partial \boldsymbol{z}^L}{\boldsymbol{W}_i} = \frac{\partial \boldsymbol{z}^L}{\partial \boldsymbol{w}^{L-1}}\frac{\partial \boldsymbol{w}^{L-1}}{\partial \boldsymbol{z}^{L-1}}\frac{\partial \boldsymbol{z}^{L-1}}{\partial \boldsymbol{w}^{L-2}}\cdots\frac{\partial \boldsymbol{z}^{i+1}}{\partial \boldsymbol{W}_i}$$

为了实现这样的链式法则, 就需要在每个向前传播计算的过程中, 记录下每次的导数, 这样可以非常快速地向后传播计算出对于参数的导数。向前和向后传播的共同作用, 就使得神经网络的计算得以快速实现了。在上述神经网络的模型构造过程中, 激活函数在每个隐含层并不一定完全相同。可以在不同隐含层采取不同的激活函数。损失函数也可以给出不同于平方和的方式。这里介绍一个非平方和的损失函数的计算方法。在分类模型中, 通常标签 y 仅取离散的值

$$y \in \{1, 2, \cdots, k\}$$

对应的, 神经网络模型中最后的输出层就可以是一个 k 维的向量 $\boldsymbol{x}^L \in \mathbb{R}^k$。记这个输出的各个分量为

$$\boldsymbol{z}^L = (z_1, z_2, \cdots, z_k)^{\mathrm{T}}$$

首先使用指数函数依次使每个分量都为正

$$\boldsymbol{z}^L \to \left(\mathrm{e}^{z_1}, \mathrm{e}^{z_2}, \cdots, \mathrm{e}^{z_k}\right)^{\mathrm{T}}$$

其次进行归一化, 每个分量 z_i 成为

$$\frac{\mathrm{e}^{z_i}}{\mathrm{e}^{z_1} + \cdots + \mathrm{e}^{z_n}}$$

现在定义损失函数为

$$l(x) = -\log\left(\frac{\mathrm{e}^{z_i}}{\mathrm{e}^{z_1} + \cdots + \mathrm{e}^{z_n}}\right)$$

其中, 标签 $y = i$。这个损失函数也称为 Softmax 损失函数。

习　　题

(1) 学习使用 Sklearn, PyTorch 和 TensorFlow 的神经网络软件包。在问题 (2)~(7) 中, 每个问题都分别使用 Sklearn, PyTorch 和 TensorFlow 的神经网络模型来完成。

(2) 构造若干一般的在 $(0, 10)$ 的一维连续函数（如 $\sin x$ 等）, 随机产生样本

点, 使用具有一个隐含层的神经网络, 用不同的激活函数训练函数, 并检查样本内外效果。再使用具有若干隐含层的神经网络, 用激活函数训练函数, 并检查样本内外效果。

(3) 构造若干一般的定义在 $(0,10) \times (0,10)$ 上的二元函数, 随机产生样本点, 使用具有一个隐含层的神经网络, 用不同的激活函数训练函数, 并检查样本内外效果。再使用具有若干隐含层的神经网络, 用激活函数训练函数, 并检查样本内外效果。

(4) 在平面上产生一个分类, 单位圆内部是 1, 外部是 0。随机产生样本点, 使用具有两个以上隐含层的神经网络, 用不同的激活函数训练函数, 并检查样本内外效果。

(5) 在平面上产生封闭的非凸集合, 单位圆内部是 1, 外部是 0。随机产生样本点, 使用神经网络, 用不同的激活函数训练函数, 并检查样本内外效果。

(6) 下载 TensorFlow 的 Mnist 数据集合。使用神经网络训练手写数字的数据集合, 使用不同的激活函数训练函数, 并检查样本内外效果。

(7) 下载金融市场的分钟级别数据, 采用神经网络的方法, 学习并预测已实现波动率。

(8) 使用 PyTorch 和 TensorFlow 搭建 CNN 算法, 用于 Mnist 手写数字判别。

第 10 章 机器学习理论问题

前面章节都是讲解具体的机器学习方法，但是为什么机器学习可以从样本内泛化到样本外，仍然没有从理论上得到解答，而这就是本章所讲述的内容。机器学习最终可以泛化，是因为假设空间的参数维度需要有限，从而定义假设空间的参数维度成为本章的一个核心概念。

10.1 问题的提出

为了简单起见，先从机器学习的确定性关系展开机器学习的理论问题探索。监督式机器学习问题的叙述方式如下：给出两个集合 X 和 Y，有一个未知的函数或者对应关系

$$f : X \to Y$$

学习这个函数。寻找这个对应关系就成为机器学习的基本目标。为此，进一步从数据出发。首先从集合中提取样本，例如给出有限的样本为

$$D = \{x_1, x_2, \cdots, x_n\} \subset X$$

同时对应的函数值为

$$Y = \{y_1, y_2, \cdots, y_n\} \subset Y$$

虽然不知道函数 f 的具体表现形式，但是函数 f 至少在所有的样本上满足以下关系

$$y_1 = f(x_1), y_2 = f(x_2), \cdots, y_n = f(x_n)$$

虽然这些样本点满足这组关系，但是函数 f 在样本外的表现形式尚且不知道，怎样通过这些有限的样本，得到这个函数 f 的完整表现形式呢？最简单的办法就是令 $g(x)$ 在样本内定义为 f，在样本外定义为零。这样，函数 f 至少在样本空间内满足所需要的关系，这样的函数显然不满足我们的要求。

为什么这么一个简单的想法无效呢？因为函数 g 取得太过随意，而没有任何约束。为了解决这个问题，需要把 f 限制在一个较小的集合类中，这个集合称为一个假设空间 $\mathcal{H}$。在这个假设空间（也可以称为假设集合）中，有许多函数待选，需要选取一个函数 g，使得在某种意义上达到最佳状态。通常情况下，会定义一

个损失函数，这个损失函数随着 g 的选取不同而不同，从而挑选一个函数，使损失函数达到极小就成为优化的目标。

下面看一个例子：在 $\mathbb{R}^k$ 空间上有若干点

$$\boldsymbol{x}_1, \boldsymbol{x}_2, \cdots, \boldsymbol{x}_n$$

每个点都被标明了一个分类，例如 $+1, -1$。如果现在的假设空间是线性集合，即所有的

$$\mathcal{H} = \left\{ g(\boldsymbol{x}) = \text{sign}\left(\boldsymbol{w}^{\mathrm{T}}\boldsymbol{x} + b\right) \right\}$$

其中，参数 $\boldsymbol{w} \in \mathbb{R}^k$，而 b 是一个实数。使用这个集合类作为备选类，从这个类中挑选分类函数。因为这里关心的是分类的效果，所以损失函数也需要来反映分类的好与不好。首先，在每个点上定义函数，例如可以定义

$$l\left(g, x_i\right) = I_{g(x_i) \neq y_i} = \begin{cases} 1, g(x_i) \neq y_i \\ 0, g(x_i) = y_i \end{cases}$$

作为一个损失函数，分类正确为零，分类错误为 1。当然，还可以有其他形式的损失函数，例如

$$l\left(g, x_i\right) = \left(y_i - g\left(x_i\right)\right)^2$$

用于描述函数取值和标签的不同。暂且不论这样的损失函数是否最合理，一旦确定定义在一个点上的损失函数，就可以定义在整个样本上的损失函数。如果样本点集合为 S，那么

$$L_S = \frac{1}{|S|} \sum_{x \in S} l(g, x)$$

就是在整个样本集合 S 上的损失函数。这样，学习过程就成为去选择 g，使得定义的样本整体损失函数成为最小。

目前，已经有了假设空间、损失函数和优化损失函数，还需要算法，这个算法使得在给定的样本点 S 中，总可以找到一个最优的函数

$$\bar{g} = \arg\min_{g \in \mathcal{H}} L_S(g)$$

其损失函数为最小。针对不同损失函数，应使用不同的优化办法。同时，不同的损失函数会导致不同的函数。至于如何选择优化算法，并不是本章要讨论的问题。

即便上述优化问题都得到了满意的解答，在一个子集上优化的函数，其在全集上表现也是最好的，这点仍然无法令人信服。从确定性的角度来讲，仅仅知道

一个函数在一组有限个点上的函数值, 是不可能决定在其他地方的函数值的。为了解答泛化的问题, 必须借助概率论的知识。

在概率论中, 可以提出一个类似问题。给出一个随机变量 X, 同时也给出了一组独立的随机样本 $X_1, X_2, \cdots, X_n$, 根据样本可以计算出

$$\bar{X} = \frac{X_1 + X_2 + \cdots + X_n}{n}$$

现在提出问题, $\bar{X}$ 和真正的随机变量的期望 $E(X)$ 有什么联系? 首先, 作为一个样本得到的均值 $\bar{X}$ 不可能正好等于 $E(X)$。但是, $|\bar{X} - E(X)| > \epsilon$ 应该依赖于样本集合的选取。所以可以问这样的问题, 在概率的意义下

$$P\left(|\bar{X} - E(X)| > \epsilon\right)$$

是多少。为了简化问题叙述, 并不失一般性, 可以假设 $E(X) = 0$, 问题转为对于下述的

$$E(n) = P\left(\frac{X_1 + X_2 + \cdots + X_n}{n} > \epsilon\right)$$

的控制问题。在这个概率表达式中, $X_1, \cdots, X_n$ 可以理解为一组满足独立同分布的随机变量, 也可以理解为是 n 个点的随机抽样。我们并不可能指望这个概率是零, 因为明显可以有一些极端情况使得这个值很大, 但是这个值 $E(n)$ 是否随着 n 的增加而减小呢? 如果真的如此, 那么至少在概率意义上, 无论选择多小的 $\epsilon(\epsilon > 0)$, 都对应有 n, 使得在样本个数大于 n 时, 样本内得到的平均值和真正的误差大于 ϵ 的抽样的可能性非常小。

现在把上述内容总结提炼出来成为一个完整的叙述。给出一个随机变量 X, 同时给出一组独立同分布的样本

$$S = \{(x_1, y_1), (x_2, y_2), \cdots, (x_n, y_n)\}$$

再给出一个假设的函数空间 $\mathcal{H}$, 对于任何一个 $h \in \mathcal{H}$, 定义一个损失函数 $l(h, x)$, 有

$$L_S(h) = \sum_{i=1}^{n} \frac{1}{n} l(h, x_i)$$

同时定义

$$L_D(h) = E_{x \in D}(l(h, x))$$

目标是选取

$$g(x) = \underset{g}{\operatorname{argmin}} L_S(g)$$

使得

$$P\left(S : L_D(g) > \epsilon\right)$$

随着样本数量增加而减小。换言之，如果对于任何一个 $\epsilon, \delta > 0$ 都有 N, 使得在 $n > N$ 时有

$$P\left(\frac{X_1 + X_2 + \cdots + X_n}{n} > \epsilon\right) < \delta$$

满足这个条件的假设集合称为可学习的假设集合。机器学习算法的目的就是寻找可以学习的假设集合。

10.2　概率不等式

为了证明在一定条件下，机器学习算法有可学习的性质，需要借助概率不等式。

定理 10.1　设 X 是非负的随机变量，则对于任意 $\alpha > 0$ 都有

$$E(X) \leqslant \alpha P(X \geqslant \alpha)$$

证明　这就是传统的切比雪夫不等式，有

$$E(X) = \int_\Omega X \mathrm{d}P \geqslant \int_{X > \alpha} X \mathrm{d}P \geqslant \alpha \int_{X > \alpha} \mathrm{d}P = \alpha P(X \geqslant \alpha)$$

证毕

上面不等式要求随机变量是非负值。所以，在可以取负值的随机变量情况下，有下面结果：如果对于一个随机变量 X, 其均值和方差分别为 μ 和 σ^2, 则对于任意 $\alpha > 0$, 都有

$$P\left[(X - \mu)^2 \geqslant \alpha\right] \leqslant \frac{\sigma^2}{\alpha}$$

$X_1, X_2, \cdots, X_n$ 是一些独立同分布的随机变量，每个随机变量的均值和方差分别为 μ 和 σ^2, 则对于任意 $\epsilon > 0$, 且

$$S = \frac{1}{n} \sum_{i=1}^{n} X_i$$

有

$$P\left[(S - \mu)^2 \geqslant \epsilon\right] \leqslant \frac{\sigma^2}{n\epsilon}$$

切比雪夫不等式很简单，但是结果有点粗糙。为此，还可以继续把其增强为以下更为细致的不等式。

定理 10.2 (Hoeffding 不等式)　如果 X 是一个伯努利二元分布的随机变量, 其中

$$X_1, X_2, \cdots, X_n$$

是一组独立同分布的随机变量, 则对于任意 $\epsilon > 0$, 有

$$P(S \geqslant \epsilon) \leqslant \mathrm{e}^{-\frac{n\epsilon^2}{2}}$$

证明　对于任意一个 $\lambda > 0$, 考虑

$$P(S \geqslant \epsilon) = P\left(\mathrm{e}^{\lambda S} \geqslant \mathrm{e}^{\lambda \epsilon}\right)$$

使用切比雪夫不等式, 应有

$$
\begin{aligned}
P(S \geqslant \epsilon) &\leqslant \mathrm{e}^{-\lambda \epsilon} E\left(\mathrm{e}^{\lambda S}\right) \\
&= \mathrm{e}^{-\lambda \epsilon} \left(E\left(\mathrm{e}^{\frac{\lambda}{n}X}\right)\right)^n \\
&= \mathrm{e}^{-\lambda \epsilon} \left(\frac{\mathrm{e}^{\frac{\lambda}{2n}} + \mathrm{e}^{-\frac{-\lambda}{2n}}}{2}\right)^n
\end{aligned}
$$

由不等式

$$\frac{\mathrm{e}^{\lambda} + \mathrm{e}^{-\lambda}}{2} \leqslant \mathrm{e}^{\frac{\lambda^2}{2}}$$

可得

$$P(S \geqslant \epsilon) \leqslant \mathrm{e}^{-\lambda \epsilon} \mathrm{e}^{\frac{\lambda^2}{2n}}$$

取

$$\lambda = n\epsilon$$

所以就有最后的不等式

$$P(S \geqslant \epsilon) \leqslant \mathrm{e}^{-\frac{n\epsilon^2}{2}}$$

　　　　　　　　　　　　　　　　　　　　　　　　　　　　　　证毕

从 Hoeffding 不等式可以看出, 对于 $\epsilon, \delta > 0$, 只要让 n 充分大, 就可以使

$$P\left(\frac{X_1 + X_2 + \cdots + X_n}{n} > \epsilon\right) < \delta$$

这和机器学习的目标相一致。

10.3　有限假设空间

本节将给出机器学习的可学习性的一个结论，为此，先做一个假设，即假设空间的函数个数是有限多的。同时，在本节中考虑分类学习问题，也考虑简单的分类损失函数，即

$$l(h,x) = \begin{cases} 0, & h(x) = y \\ 1, & h(x) \neq y \end{cases}$$

而在整个空间的损失函数定义成为 $L_D(h) = E(x : h(x) \neq y)$，应注意，这里使用了期望的表达。如果全空间是有限的，这里期望就是算术平均值；如果是无限的，就需要在期望的意义下进行理解。

假设空间有限，就是假设 $|\mathcal{H}|$ 有限。同时，为了说明可以优化，再加上一个条件：对于任何一个 $S \subset D$，至少有一个函数 $h \in \mathcal{H}$，使得 $L_S(h) = 0$。在这个条件下，有以下定理。

定理 10.3 任意给出一组 $\epsilon, \delta > 0$，都存在 $m(\epsilon, \delta)$，使得在 $m > m(\epsilon, \delta)$ 时，只要 $|S| = m$，就有

$$P\left(\{S \mid L_D(h_S) > \epsilon\}\right) < \delta$$

证明 首先考虑下面的问题，对于集合

$$\mathcal{M} = \{h \in \mathcal{H} : L_D(h) > \epsilon\}$$

这里的函数子集合 $\mathcal{M}$ 由那些表现不是很好的假设组成，设它们为

$$h_1, h_2, \cdots, h_k$$

因为 $\mathcal{H}$ 是有限多的，所以这个子集也具有有限多的数目，$k \leqslant |\mathcal{H}|$。对于每个 $h \in \mathcal{M}$，考虑

$$S_h = \{x : l(h, x) = 0\}$$

应有 $P(S_h) < 1 - \epsilon$，如果定义 S_h 是由 m 个点组成的集合，而每个点都满足上面的特性，由于这些样本的独立性，就有

$$P(S_h) < (1 - \epsilon)^m$$

最后，如果有 S，使得 $L_D(h_S) > \epsilon$，那么由于在 S 上 $l(h_S, x) = 0$，对于 S 中的

任意一个点 $x \in S$，必然有

$$x \in S_k$$

从而 $P(S) \leqslant |\mathcal{M}|(1-\epsilon)^n \leqslant |\mathcal{H}|(1-\epsilon)^n$。所以令

$$m = \frac{\log(\delta/|\mathcal{H}|)}{\log(1-\epsilon)}$$

即可。因为 $\mathrm{e}^{-x} \geqslant 1-x$，从而 $x \leqslant -\log(1-x)$，所以取

$$m = \frac{\log(|\mathcal{H}|/\delta)}{\epsilon}$$

也可以满足条件。　　　　　　　　　　　　　　　　　　　　　　　证毕

　　上述定理需要一个前提条件，"对于任何一个 S，必然有 $h \in \mathcal{H}$，使得 $L_S(h) = 0$"，而这个条件未必可以达到，所以也不可能奢求

$$L_D(h_S) \leqslant \epsilon$$

从而只能退而求其次，希望能够得到

$$L_D(h_S) \leqslant \min_{h \in \mathcal{H}} L_D(h) + \epsilon \tag{10.1}$$

为了得到式 (10.1)，需要一个新的条件，即一致性条件。

　　定义 10.1　已知样本空间 D 和假设空间 $\mathcal{H}$，如果对于任意的 $\epsilon > 0$ 都有 M，使得 $m > M$ 时有

$$|L_S(h) - L_D(h)| \geqslant \epsilon \tag{10.2}$$

就称为满足一致性条件。

　　如果机器学习满足一致性条件，那么对于任意一个 $\epsilon > 0$，都有 $h \in \mathcal{H}$，使得

$$L_D(h) \leqslant \min_{h \in \mathcal{H}} L_D(h) + \epsilon_1$$

但是考虑到

$$L_S(h_S) - \epsilon \leqslant L_S(h) - \epsilon \leqslant L_D(h) \leqslant \min_{h \in \mathcal{H}} L_D(h) + \epsilon_1$$

再次应用一致性收敛，得到

$$L_D(h_S) - \epsilon \leqslant L_S(h_S)$$

最后得到

$$L_D(h_S) \leqslant 2\epsilon + \min_{h \in \mathcal{H}} L_D(h) + \epsilon_1$$

令 $\epsilon_1 \to 0$, 从而有

$$L_D\left(h_S\right) \leqslant 2\epsilon + \min_{h \in \mathcal{H}} L_D(h)$$

所以, 为了使不等式 (10.1) 成立, 仅需证明不等式 (10.2) 一致性即可。与之非常类似, 现在可以进一步证明下面的结论。

定理 10.4 在假设的集合 $|\mathcal{H}|$ 有限的情况下, 任意给出一组 $\epsilon, \delta > 0$, 都存在 $m(\epsilon, \delta)$, 使得在 $m > m(\epsilon, \delta)$ 时, 只要 $|S| = m$, 就有

$$P\left(\{S : \exists h\mathcal{H}, |L_D(h) - L_S(h)| > \epsilon\}\right) < \delta$$

证明 对于任意一个 $h \in \mathcal{H}$, 因为有

$$L_D(h) = E\left(l_x(h)\right)$$

所以利用切比雪夫不等式, 可得

$$P\left(\{S : |L_S(h) - L_D(h)| > \epsilon\}\right) \leqslant \frac{c}{m\epsilon^2}$$

故而有

$$P\left(\{S | \exists h \in \mathcal{H}, |L_S(h) - L_D(h)| > \epsilon\}\right) \leqslant \frac{c|\mathcal{H}|}{m\epsilon^2}$$

从而令

$$m(\epsilon, \delta) = \frac{c|\mathcal{H}|}{m\epsilon^2}$$

证毕

在上面的讨论中, 完全可以使用 Hoeffding 不等式, 也可以得到更好的不等式。例如, 可以得到

$$\delta = |\mathcal{H}|e^{-\frac{2}{m}\epsilon^2}$$

所以就有

$$m = \frac{2\log(|\mathcal{H}|/\delta)}{\epsilon^2}, \quad \epsilon = \sqrt{\frac{\log(2|\mathcal{H}|/\delta)}{2m}}$$

同时, 上面的不等式, 也促使我们把误差做下面的分解。

$$L_D\left(h_S\right) = \min_{h \in \mathcal{H}} L_D(h) + L_D\left(h_S\right) - \min_{h \in \mathcal{H}} L_D(h)$$

其中

$$E_{\text{app}} = \min_{h \in \mathcal{H}} L_D(h), \quad E_{\text{est}} = L_D\left(h_S\right) - E_{\text{app}}$$

第一个是 Approximation 误差, 第二个是 Estimation 误差。第一项取决于假设空间，第二项取决于 S 的多少。

10.4　No Free Lunch 定理

在一定意义上，机器学习是可行的, 特别是当选取的样本充分大以后。但是另一方面, 机器学习也不是万能的。本节将介绍 No Free Lunch 定理。这个定理是说, 在一定条件下, 无论选定的算法是什么, 一旦确定, 就存在至少一个概率分布 (本质上就是一个函数对应关系), 这个算法可以在给出的样本上表现得非常好, 但是其泛化能力非常弱, 从而无法达到好的预测效果。所谓一个算法，就是指两个分布只要在子集 S 上一样，那么算法就会得到同样的假设函数。

下面介绍 No Free Lunch 定理。首先陈述一个关于随机变量的一般性质。如果随机变量 $X \in (0,1)$ 具有以下性质

$$E(X) \geqslant \frac{1}{4}$$

那么肯定有概率估计

$$P\left(X > \frac{1}{8}\right) \geqslant \frac{1}{7}$$

事实上

$$
\begin{aligned}
\frac{1}{4} \leqslant E(X) &= \int_{X \leqslant \frac{1}{8}} X \mathrm{d}P + \int_{X > \frac{1}{8}} X \mathrm{d}P \\
&\leqslant \frac{1}{8} P\left(X \leqslant \frac{1}{8}\right) + P\left(X > \frac{1}{8}\right) \\
&= \frac{1}{8}\left(1 - P\left(X > \frac{1}{8}\right)\right) + P\left(X > \frac{1}{8}\right) \\
&= \frac{7}{8} P\left(X > \frac{1}{8}\right) + \frac{1}{8}
\end{aligned}
$$

整理以后，有

$$\frac{7}{8} \leqslant \frac{1}{8} P\left(X > \frac{1}{8}\right)$$

从而就有以下结论。给出一个集合 $\mathcal{X}$，一共有 $2m$ 个点, 可以给这 $2m$ 个点标上 $0,1$ 两个标签。总共有 $T = 2^{2m}$ 种方法来做标签, 而又可以有 $K = (2m)^m$ 种方法来取子集。现在有下面的命题。

定理 10.5　选定一个算法, 一定有一个概率测度 (或者看成是一个标签), 使得对于一个子集 $S, |S| = m$, 有

$$P\left(S : L_D(A(S)) > \frac{1}{8}\right) > \frac{1}{7}$$

其中, $A(S)$ 表示从子集 S 上面得到的算法函数。

证明　为此, 仅需要证明下面的命题: 存在一个测度 D, 使得

$$E\left(\{S \mid L_D(A(S))\}\right) \geqslant \frac{1}{4}$$

在 $\mathcal{X} \times \{0, 1\}$ 上面, 任意给出一个二元函数 f_j, 定义一个测度 D_j, 有

$$D_j(x, y) = \begin{cases} \dfrac{1}{2m}, & y = f_j(x) \\ 0, & y \neq f_j(x) \end{cases}$$

那么对于这 T 个测度, 有

$$\max_{D_j} \frac{1}{K} \sum_{i=1}^{K} L_{D_j}\left(A\left(S_i\right)\right) \geqslant \frac{1}{KT} \sum_{j=1}^{\mathrm{T}} \sum_{i=1}^{K} L_{D_j}\left(A\left(S_i\right)\right)$$

但是现在每个 S_i 都有

$$\frac{1}{K} \sum_{i=1}^{K} L_{D_j}\left(A\left(S_i\right)\right) = \frac{1}{4}$$

原因是当 $S_i = S$ 固定以后, 可以把整个集合分成两部分, 一部分是 S, 另一部分是 S 的补集。然后对于所有的二元函数, 两两配成一对 f, g, 使得它们在 S 上面取值完全一样, 在 S 的补集上完全不一样。这样它们的损失函数加起来就等于 $\dfrac{1}{4}$。至此我们看到, 既然对于每个 S_i 都有上面的等式, 那么对它们加权平均就有上面的均值等式, 从而命题得以证明。　　　　　　　　　　　　　　　　　　　　证毕

　　从表面上看, No Free Lunch 定理否认了能够通过数据进行学习。而事实上, No Free Lunch 定理和机器学习理论并不矛盾。No Free Lunch 定理是说, 固定算法总是有可能有一个对应函数或者分布, 使得我们学习不到。但是一旦固定了对应的概率测度, 随着样本点的增加, 我们可以学习得越来越好。

10.5　VC 维度

　　从前面有限假设空间一节的定理中可以了解到, 当假设空间有限时, 机器学习是可行的。但有限假设空间一般都是无穷的, 并不是有限的。抛弃有限以后,

就需要从参数的自由度来进行描述。在数学中，把空间参数化是通常想法，在机器学习中也有相应的想法，但它是通过 VC 维度来描述的。

给出一个假设空间 $\mathcal{H}$，每个函数 $h \in \mathcal{H}$ 都有 $h(x) \in \{0,1\}$。同时给出一个集合 $C = \{x_1, x_2, \cdots, x_m\}$，定义

$$\mathcal{H}_C = |\{h(x_1), h(x_2), \cdots, h(x_m)\}|$$

如果

$$|\mathcal{H}_C| = 2^m = 2^{|C|}$$

那么称集合 C 可以被完全可分。

定义 10.2 VC 维度是这样的一个整数 m，使得任何超过 m 个点的集合 C 都不能被 $\mathcal{H}$ 完全可分。否则称其 VC 维数为无限维。如果 VC 维度有限是 m，也称 $m + 1$ 为 Break Point。

机器学习的基本定理如下：一个假设的集合一旦具有有限的 VC 维数，就有可学习性。下面就这个问题使用一些具体的例子来进一步理解。

(1) 在二维平面上，使用所有的直线作为假设集合 $\mathcal{H}$，可以直接验证下面的结果

$$m_{\mathcal{H}}(2) = 4$$
$$m_{\mathcal{H}}(3) = 8$$
$$m_{\mathcal{H}}(4) = 14$$

由此可知，这个假设集合的 VC 维度是 3。

(2) 在一维直线上，继续研究对于不同的 $\mathcal{H}$，相对应的 $m(\mathcal{H})$ 有多大。当 $\mathcal{H}$ 的形式是 $\text{sign}(x - a)$ 时，$m_{\mathcal{H}}(N) = N + 1$；当 $\mathcal{H}$ 的形式是一个区间，区间里面是 $+1$，区间外面是 -1 时，有

$$m_{\mathcal{H}}(N) = C_{N+1}2 + 1$$

(3) 在平面上，使用平行于坐标轴的长方形作为假设的集合 $\mathcal{H}$，每个长方形的内部和外部分别定义取值 1 和 -1。这就构成了一个假设集合。这个假设集合依赖于平面上长方形的左下角选取，以及长度和宽度的选取，因而总共有通常数学意义下的 4 个维度。

如果构造 4 个点，分别是

$$A = (1,0), B = (0,1), C = (-1,0), D = (0,-1)$$

无论这 4 个点上的符号如何标定，总是可以有一个长方形正好包含了一种符号的点，所以这 4 个点是可以被长方形的假设空间完全分割的, 从而

$$m_{\mathcal{H}} = 2^4$$

但是任意给出 5 个点, 总是可以选取最左边和最右边的点，然后在中间按照顺序选择 3 个点, 据此就可以选择它们的符号, 使得和坐标轴平行的长方形无法区分这 5 个点, 因为有

$$m_{\mathcal{H}}(5) < 2^5$$

根据前面的 VC 维度定义可知, 这个假设空间的 VC 维度为 4。

(4) 现在证明在一个 $\mathbb{R}^n$ 空间中, 感知机的 VC 维度为 n。换言之, 要证明存在 n 个向量, 可以被完全可分。为此, 取

$$e_1, e_2, \cdots, e_n$$

是标准正交基。对于任何标签 $y_i = \{1, -1\}$, 可以定义

$$w = (y_1, y_2, \cdots, y_n)$$

那么有 $y_i = \text{sign}(w, e_i)$。现在, 取任意 $\mathbb{R}^n$ 空间中的 $n+1$ 个点 $e_1, e_2, \cdots, e_{n+1}$。因为它们线性相关, 所以对于 $a_1, a_2, \cdots, a_{n+1}$, 有

$$a_1 e_1 + a_2 e_2 + \cdots + a_{n+1} e_{n+1} = 0$$

进一步假设 $a_i > 0, a_j < 0, i \in I, j \in J$。如果有 w, 使得 $(w, e_i) = \text{sign}(a_i)$, 那么有

$$(w, e_i) = \text{sign}(a_i)$$

则 $a_i(w, e_i) = |a_i|$, 从而求和 $\sum |a_i| = 0$ 引发矛盾。

(5) 在二维平面上, 如果所有的 $\mathcal{H}$ 构成一个凸性的集合, 那么有

$$m_{\mathcal{H}}(N) = 2^N$$

所以这个假设集合的 VC 维度就是无穷。

对于一个假设的集合 $\mathcal{H}$, 定义下面的数值

$$\mathcal{H}(x_1, x_2, \cdots, x_N) = \{h(x_1), h(x_2), \cdots, h(x_N) \mid h \in \mathcal{H}\}$$

从本质上反映了不同的假设在 N 个点上可以做出的所有的组合。同理, 针对这个假设的集合, 可以定义

$$m_{\mathcal{H}}(N) = \max_{x_1, \cdots, x_N} |\mathcal{H}(x_1, x_2, \cdots, x_N)|$$

为了得到这个值, 需要在所有不同的 N 个点上寻找能够带来最大值的不同组合。显然有

$$m_{\mathcal{H}}(N) \leqslant 2^N$$

那么，VC 维度和传统函数中参数的个数有什么联系呢？可以从这个角度给出下面的分析。一个分类函数具有参数, 参数在 $\mathbb{R}^m$ 中, 被分类的空间是 $\mathbb{R}^k$。分类的办法是对于任意一个 $t \in \mathbb{R}^m$, 有

$$f(t, \cdot) : \mathbb{R}^k \to R$$

这样，一个分类方法就相当于一个函数

$$f : \mathbb{R}^m \times \mathbb{R}^k \to R \to \{0, 1\}$$

如果有若干个点, 例如 l 个点, 那么

$$f : \mathbb{R}^m \times \mathbb{R}^k \times \mathbb{R}^k \times \cdots \times \mathbb{R}^k \to \mathbb{R}^1 \times \cdots \times \mathbb{R}^1$$

所以有

$$f : \mathbb{R}^{m+kl} \to \mathbb{R}^l$$

对于任意一个点

$$z \in \mathbb{R}^l$$

进行分析, $f^{-1}(z) \in \mathbb{R}^{m+kl}$ 应该是一个 $m + kl - l$ 维的点集, 记为 M_{Θ}, 考虑投影映射

$$p : \mathbb{R}^m \times \mathbb{R}^{kl} \to \mathbb{R}^{kl}, \quad p(t, x) = x$$

那么 $p(M)$ 在 $\mathbb{R}^{kl}$ 中的点集的维数应该也不大于 $m + kl - l$。在 $m < l$ 时, 有

$$m + kl - l < kl$$

所以 $p(M)$ 的维数也一样小于 kl, 从而不可能有 $p(M) = \mathbb{R}^{kl}$。这就说明在这种情况下, 分类函数的 VC 维数小于 $m + 1$。

令 $B(N, k)$ 是一个小于 2^N 的数字, 代表了在所有的给 N 个点贴上不同标签的方法中最大的那个方法个数, 使得任何 k 个子集都没办法完全被区分。据此可以得到

$$B(N, 1) = 1$$

$$B(1, k) = 2$$

现在证明这个组合表示有以下性质

$$B(N,k) \leqslant B(N-1,k) + B(N-1,k-1)$$

从而有

$$B(N,k) \leqslant \sum_{i=0}^{k-1} C_N^i$$

再来看边界条件, 当 $k=1$ 时, 有

$$B(N,1) = 1$$

因为任意给出两个二元赋值函数 f, h, 总是有一个点 x 使得 $f(x) \neq g(x)$。另外有

$$B(N,N) = 2^N - 1$$

因为肯定有一个赋值情况没有出现。归纳证明 $B(N,k) \leqslant \sum_{i=0}^{k-1} C_n^i$, 因为

$$B(N,k) \leqslant B(N-1,k-1) + B(N-1,k)$$

$$\leqslant \sum_{i=0}^{k-2} C_N^i + \sum_{i=0}^{k-1} C_N^i$$

$$= 1 + \sum_{i=1}^{k-1} C_N^i$$

$$= \sum_{i=0}^{k-1} C_N^i$$

反之, 现在从所有可能的 2^N 个赋值函数中, 先取每个点都复制为 $+1$ 的函数, 总共就是 C_N^0 种。现在任意取一个点, 在这个点上取 -1、在其他点上取 $+1$ 的赋值函数有 C_N^1 种方法。以此类推, 任取 i 个点, 其中 $i < k$, 在这 i 个点上取 -1、在其他点上取 $+1$ 的赋值函数有 C_N^i 个之多。这些赋值函数有

$$C_N^0 + C_N^1 + \cdots + C_N^{k-1}$$

现在任意给出 k 个点, 在这 k 个点上都取 -1 的赋值函数就取不到。这样就能证明

$$B(N,k) \geqslant \sum_{i=0}^{k-1} C_N^i$$

从而就能证明

$$B(N,k) = \sum_{i=0}^{k-1} C_N^i$$

现在来证明下面的不等式

$$\sum_{i=0}^{m} C_n^i \leqslant n^m + 1$$

不等式在 $m = 0$ 时显然成立。下面归纳证明从 $m-1$ 到 m 的情况。根据归纳假设有

$$\sum_{i=0}^{m-1} C_n^i \leqslant n^{m-1} + 1$$

为此

$$\sum_{i=0}^{m} C_n^i \leqslant n^{m-1} + 1 + C_n^m$$

$$\leqslant n^m + 1$$

这里是因为

$$n^{m-1} + \frac{n(n-1)\cdots(n-m+1)}{m!} \leqslant n^m$$

现在来证明下面的更加精确的不等式

$$\sum_{i=0}^{m} C_n^i \leqslant \left(\frac{en}{m}\right)^m$$

这是因为基本不等式

$$\left(1 + \frac{m}{n}\right)^n \leqslant e^m$$

所以有

$$\sum_{i=0}^{m} C_n^i = \sum_{i=0}^{m} C_n^i \left(\frac{m}{n}\right)^i \left(\frac{n}{m}\right)^i$$

$$\leqslant \left(\frac{n}{m}\right)^m \sum_{i=0}^{m} C_n^i \left(\frac{m}{n}\right)^i$$

$$= \left(\frac{n}{m}\right)^m \left(1 + \frac{m}{n}\right)^n$$

$$= \left(\frac{en}{m}\right)^m$$

关于 VC 维度，还有下面几个结果。

定理 10.6 对于任意假设空间 $\mathcal{H}$，都有

$$m_{\mathcal{H}}(2N) \leqslant m_{\mathcal{H}}(N)^2$$

证明 这是因为任意 $2N$ 个点 $x_1, x_2, \cdots, x_N, y_1, y_2, \cdots, y_N$ 以及任意函数 $h \in \mathcal{H}$，都有

$$(h(x_1), h(x_2), \cdots, h(x_N), h(y_1), h(y_2), \cdots h(y_N))$$

可以映射到

$$(h(x_1), h(x_2), \cdots, h(x_N)) \times (h(y_1), h(y_2), \cdots h(y_N))$$

可以看出这是一个单射，所以有上述不等式。 证毕

定理 10.7 令 $\mathcal{H} = \{h_1, h_2, \cdots, h_M\}$ 为有限的假设空间，一定有

$$d_{\mathrm{VC}}(\mathcal{H}) \leqslant \log_2 M$$

证明 这是因为对于 k 个点来讲，如果

$$2^k = m_{\mathcal{H}}(k) \leqslant M$$

显然有 $k \leqslant \log_2 M$。给出若干假设空间 $\mathcal{H}_1, \mathcal{H}_2, \cdots, \mathcal{H}_k$，每个都有 $d_{\mathrm{VC}}(\mathcal{H}_i)$。 证毕

定理 10.8 如果令

$$\mathcal{H} = \mathcal{H}_1 \cap \mathcal{H}_2 \cap \cdots \cap \mathcal{H}_k$$

则有

$$d_{\mathrm{VC}}(\mathcal{H}) \leqslant \min_i (d_{\mathrm{VC}}(\mathcal{H}))$$

证明 显然，$d_{\mathrm{VC}}(\mathcal{H}) \leqslant d_{\mathrm{VC}}(\mathcal{H}_i)$ 对于任意的 i 都成立，所以有上述不等式。同理，如果定义

$$\mathcal{H} = \mathcal{H}_1 \cup \mathcal{H}_2 \cup \cdots \cup \mathcal{H}_k$$

则有

$$d_{\mathrm{VC}}(\mathcal{H}) \geqslant \max_i (d_{\mathrm{VC}}(\mathcal{H}))$$

证毕

定理 10.9 给出若干假设空间 $\mathcal{H}_1, \mathcal{H}_2, \cdots, \mathcal{H}_k$，每个都有 d_{VC}。如果令

$$\mathcal{H} = \mathcal{H}_1 \cup \mathcal{H}_2 \cup \cdots \cup \mathcal{H}_k$$

则有

$$d_{\mathrm{VC}}(\mathcal{H}) \leqslant k\,(d_{\mathrm{VC}} + 1)$$

证明　如果 $\mathcal{H}$ 可以区分 $k(d+1)$ 个点, 那么令

$$y_i = \left(x_{(d+1)(i-1)+1}, x_{(d+1)(i-1)+2}, \cdots, x_{(d+1)(i-2)+k}\right), i = 1, 2, \cdots, k$$

这样, 可以看到

$$m_{\mathcal{H}}\,(y_1, y_2, \cdots, y_k) \leqslant m_{\mathcal{H}_1}\,(y_1)\,m_{\mathcal{H}_2}\,(y_2) \cdots m_{\mathcal{H}_k}\,(y_k)$$

另外, 如果有

$$2^{k(d+1)} = m_{\mathcal{H}}\,(y_0, y_1, \cdots, y_k) \leqslant m_{\mathcal{H}_1}\,(y_1)\,m_{\mathcal{H}_2}\,(y_2)\,\cdots\,m_{\mathcal{H}_k}\,(y_k)$$

那么至少有一个 i 使得 $2^{d+1} \leqslant m_{\mathcal{H}_i}$, 从而可以看到这个矛盾。　　　证毕

定理 10.10　在 $\mathbb{R}$ 上, 定义假设空间为

$$\mathcal{H} = \left\{h \mid h_c(x) = \mathrm{sign}\left(c_0 + c_1 x + \cdots + c_k x^k\right)\right\}$$

证明　证明有 $d(\mathcal{H}) = k + 1$。事实上, 对于任意一组 y_i, 都可以构造系数 c_i, 使得 $f(x_i) = y_i$ 都成立, 其中 $i = 1, 2, \cdots, k$。但是对于任何 $k+1$ 个点, 不可能找到一个多项式, 使得 $f(x_i)$ 上的符号不断从正变化到负, 因为这样就会产生 $k+1$ 个零点。这和多项式的次数相矛盾, 因为有 $d(\mathcal{H}) = k + 1$。　　　证毕

定理 10.11　给出一组假设空间, 它们都是作用在同一个空间上的,

$$\mathcal{H}_1, \mathcal{H}_2, \cdots, \mathcal{H}_k$$

同时给出一个假设空间 $\tilde{\mathcal{H}} : \mathbb{R}^k \to \{0, 1\}$。那么在空间中的任意一组点 x, 取 $h_i \in \mathcal{H}_i$, 就有

$$h\,(h_1(x), h_2(x), \cdots, h_k(x))$$

成为一个新的假设空间

$$\mathcal{H} = \tilde{\mathcal{H}} \circ (\mathcal{H}_1, \mathcal{H}_2, \cdots, \mathcal{H}_k)$$

证明

$$m_{\mathcal{H}}(N) \leqslant m_{\tilde{\mathcal{H}}}(N) \prod_{i=1}^{k} m_{\mathcal{H}_i}(N)$$

根据这个道理, 加上

$$m(N) \leqslant \left(\frac{\mathrm{e}N}{d}\right)^d$$

如果 $m_{\mathcal{H}}(N) = 2^N$, 可以推出

$$N \log 2 \leqslant \left(d + \sum_{i=1}^{k} d_i \right) \log N$$

考虑到 $\log \leqslant \sqrt{N}$, 那么有

$$N \leqslant \left(\frac{d + \sum d_i}{\log 2} \right)^2$$

在机器学习理论中, 最重要也是最基本的原则就是: 当 VC 维度是有限时, 学习是可能的。但是因为证明过程很长, 且利用了许多测度理论知识和技巧, 这里不再叙述, 感兴趣的读者可以参考其他专著。

习　　题

假定所有的数据点都在单位圆上面, 证明:

(1) $d_{\mathrm{VC}}(\rho)$ 是一个递减的函数。

(2) 在二维情况下, 当 $\rho > \dfrac{\sqrt{3}}{2}$ 时, 有 $d_{\mathrm{VC}}(\rho) < 3$。一般有下面的定理: 当输入是在 $\mathbb{R}^d$ 中的半径为 R 的单位球时, 有

$$d_{\mathrm{VC}}(\rho) \leqslant \left[\mathbb{R}^2 / \rho^2 \right] + 1$$

第11章 集成和提升

前面讲过的每一种方法因为其假设空间明确，每个方法自成体系，可以看成是单一的机器学习算法，如逻辑回归、决策树以及神经网络方法等。

从机器学习理论上看，单一的方法是指其假设空间里面可选取的函数类型是单一的。但是，不同机器学习模型的结果也可以叠加，从而有可能克服单一类型模型的缺点，使之成为更好的模型。这种试图把几种模型综合的方法统称为集成和提升方法。

11.1 方差偏度分解

机器学习的模型通常源于优化的想法。但是，优化毕竟只能在一定样本下进行。给出的数据都属于样本内数据，但我们真正关心的是样本外的拟合效果。如果在样本内拟合完好，误差很低，而样本外的误差很大，这个假设空间应该不能够胜任当前的问题。

为了进一步理解误差在样本内外的这种矛盾，需要从理论上来研究一下样本空间的误差从何而来。接下来，将对误差本身进行分解，在全样本空间的误差可以分解为偏离和方差两个部分。这个分解会帮助我们理解在出现过拟合或者欠拟合时可以做些什么。

在监督式机器学习的问题陈述中，有概率空间 Ω，其中有按照一定分布随机抽取的全样本数据 D，通常数据点有无限多。给出一个子集，称其为样本内的数据 S，记为

$$(x_1, x_2, \cdots, x_n)$$

同时给出标签 $(y_1, y_2, \cdots, y_n)$，还定义了损失函数 $l(y, \hat{y})$，其中 y 是标签，$\hat{y}$ 是预测值。损失函数可以设置为很多种，在连续变量作为输出时，可以假设为差的平方形式，即

$$l(y, \hat{y}) = (y - \hat{y})^2$$

在一个假设空间 $\mathcal{H}$ 中寻找最优假设，使用优化算法，使得 S 上的损失函数最小。这个最佳假设称为 h_S，从而有

$$h_S = \underset{h \in \mathcal{H}}{\operatorname{argmin}} \sum_{i=1}^{n} (h_S(x_i) - y_i)^2$$

当把这个优化以后的假设 h_S 应用到全数据空间时, 自然关心这个假设和真实函数对应关系的误差。如果在全体数据空间上的真实对应关系是 f, 那么在每个点 $x \in D$, 有损失为

$$l(x) = (h_S(x) - f(x))^2$$

从而在整体概率空间上的损失函数为

$$E_{x \in D} (h_S(x) - f(x))^2$$

这个损失函数来自于从样本 S 优化得到的结果, 因为不同的数据集合就产生不同的最优假设以及对应的损失函数。数据 S 的选取对于学习的结果是有影响的, 所以当把 S 看成是随机变量以后, 就可以针对它取期望, 即

$$E_S E_{x \in D} \left((h_S(x) - f(x))^2 \right) = E_S E_{x \in D} \left(h_S^2(x) - 2h_S(x)f(x) + f^2(x) \right)$$

对于每个 x, 定义

$$E_S (h_S(x)) = \widetilde{h}(x)$$

作为所有假设空间的平均值。在这个定义下, 就有

$$
\begin{aligned}
E_S \left((h_S(x) - f(x))^2 \right) &= E_S \left(h_S^2(x) - 2h_S(x)f(x) + f^2(x) \right) \\
&= E_S \left(h_S^2(x) \right) - 2\widetilde{h}(x)f(x) + f^2(x) \\
&= E_S \left(h_S^2(x) - \widetilde{h}^2(x) \right) + \widetilde{h}^2(x) - 2\widetilde{h}(x)f(x) + f^2(x) \\
&= E_S \left(h_S(x) - \widetilde{h}(x) \right)^2 + (\widetilde{h}(x) - f(x))^2
\end{aligned}
$$

这样就把损失函数对于样本选取所产生的期望进行了一个分解。这个分解有两项, 其中把

$$E_S \left(h_S(x) - \widetilde{h}(x) \right)^2$$

看成是这个模型的方差, 这个方差是从点集 S 的方差中得来的。同时把

$$(\widetilde{h}(x) - f(x))^2$$

看成是模型的偏离。这个偏离描述了模型能够逼近真实函数对应关系的程度。

一旦把模型的损失函数分解为方差和偏离之和, 方差和偏离都会影响模型最后的效果。假设空间 $\mathcal{H}$ 的复杂程度对于方差和偏离的影响是不同的。一般情况下, 假设空间的复杂程度是对比于样本点 S 的大小来衡量的。假设空间复杂程

度高，参数多，那么样本空间的点的个数就相对较少，在这种情况下，偏离较小，但是方差较大。反之，假设空间复杂程度低，参数少，样本空间的点的个数就相对较高，在这种情况下，偏离较大，但是方差较小。

假设空间自由度低、偏离大的模型一般称为弱学习模型（或基本模型）。对于这类模型，可以考虑一种称为提升的办法。提升的想法就是把没有拟合好的部分再次进行拟合。每次拟合都使用弱学习模型。通过这样的提升，假设空间自由度得到了提高，当然，学习的偏离也得到降低。

同样，对于某些自由度很高、方差偏大的模型，可以使用集成的方法。集成的方法就是把多个模型放在同样的数据集中进行学习，最后再将各个模型的结果进行集成。

总之，在大多数情况下，这些基本模型自身的性能不是很好，但是经提升和集成以后可以降低偏离和方差。在提升和集成学习的过程中，重要的一点是，对弱势学习者的选择应与汇总这些模型的方式保持一致。如果选择具有低偏离、高方差的基本模型，则应采用减小方差的聚合方法；如果选择具有低方差、高偏离的基本模型，则应采用倾向于降低偏离的聚合方法。

11.2　随机森林

对于某些模型，由于其假设空间的复杂度相对较高，会有较低的偏离和较高的方差，因此样本外的误差相对较大。为了让样本外的误差减小，应考虑多个同质化的模型一起训练，从而降低方差。在训练模型时，无论是要处理分类问题还是回归问题，训练结果都会获得一个函数，该函数接收输入，返回输出。

由于训练数据集（一个数据集是一个观察到的样本，它来自真实的未知基础分布）的差异，拟合模型也存在可变性：如果观察到另一个数据集，将获得一个不同的结果。从而训练出来的函数 h_S 依赖于训练集合 S。现在的想法很简单：要拟合几个独立的模型，并对它们的预测值进行"平均"，以获得方差较小的模型。但实际上，无法拟合完全独立的模型，因为它将需要太多数据。因此，可以依靠数据样本的良好"近似属性"（代表性和独立性）来拟合几乎独立的模型。

首先，创建多个数据样本，以便每个数据样本充当从真实分布中提取的一个独立的数据集。然后，可以为每个样本配备一个弱学习器，最后对它们进行汇总，并对这些样本的输出进行"平均"，从而获得与样本分量相比具有较小方差的集成模型。粗略地说，由于数据样本近似独立且分布均匀，因此学习的基础模型也是如此。"平均"弱学习器的输出不会改变期望，但会减少其方差。

这种方法称为装袋法。对于分类问题，每个模型输出分类可以看作一个投票，而获得票数多的类则由集成模型返回。此外，还可以考虑所有模型返回的每个类别的概率, 将这些概率取平均值, 并使该类别具有最高的平均概率。如果可以使用任何相关权重, 则平均值或投票可以是简单的或加权的。对于回归问题, 每个模型的输出可以取平均值, 这与多个独立同分布的随机变量平均以后保留同样的均值, 但方差减小是一个道理。

装袋法的代表是随机森林的算法。在这个算法中, 决策树是基本模型。决策树较深, 偏离会较小, 也就是通常所说的会在样本内过拟合。把由多个决策树组成的学习器称为 "森林"。组成森林的每个决策树可以选择较深。

随机森林的方法不仅可以使用随机生成的输入数据作为不同训练器的输入, 还可以同时随机选择特征作为单独的决策树使用。这样做可以降低各个不同树之间的相关性。对特征进行采样具有以下效果: 所有树都不会使用完全相同的信息来做出决策, 因此, 这会减少不同返回输出之间的相关性。对特征进行采样的另一个优点是, 它使决策过程受缺失数据 (如果有缺失) 的影响更小, 从而更加稳健。因此, 随机森林算法结合了装袋和随机特征子空间选择的两重特点, 从而具有更强的稳定性。

11.3　梯度提升决策树模型

如果模型本身的复杂程度较低, 或者说假设空间参数较少, 例如比较浅的决策树模型, 其方差小、偏离大, 可以使用提升的办法。提升方法可以增加模型复杂度, 从而降低偏离。增加模型复杂度的办法是从学习的误差开始, 进一步缩小误差; 而缩小误差的办法就是再利用一个模型来矫正第一次学习的结果和实际标签的差。

下面来推导一下模型叠加的原理。令样本内的数据连同标签写为

$$(x_1, y_1), (x_2, y_2), \cdots, (x_n, y_n)$$

给定一个模型, 进行一次学习以后, 在每个样本内, 数据点 x_i 作为输入得到输出 $\hat{y}_i = f_0(x_i)$, 但真实标签值是 y_i。标签和模型输出之间的差别为 $y_i - \hat{y}_i$, 其损失函数为 $l(y_i, \hat{y}_i)$。如果第一次学习以后, 损失函数偏大致使偏离较大, 我们希望设计第二个模型。第二个模型的标签可以设定为 $f_1(x_i) = y_i - \hat{y}_i$, 随后我们期待这两个模型合并叠加以后可以有更好的预测值。

因为模型最终优化的是损失函数, 所以接下来重点从损失函数角度来分析新的模型优化的对象。需要训练的是一个新的模型 f_1, 使得

$$l(y_i - \hat{y}_i, f_1(x_1))$$

最小, 随之用 $f_0(x_i) + f_1(x_i)$ 作为预测。但是一般情况下, 损失函数不能叠加, 从而有

$$l\left(y_i, \hat{y}_i + f_1\left(x_1\right)\right) \neq l\left(y_i, \hat{y}_i\right) + l\left(y_i - \hat{y}_i, f_1\left(x_i\right)\right)$$

优化 $l\left(y_i - \hat{y}_i, f_1\left(x_i\right)\right)$ 不一定达到目标。从原始损失函数角度考虑, 需要寻找的函数 $f_1\left(x_i\right)$ 要保证损失函数

$$l\left(y_i, \hat{y}_i + f_1\left(x_i\right)\right)$$

成为最小。

当损失函数是简单的平方和函数时, 推导具有启发性。这时因为

$$l\left(y_i, \hat{y}_i + f_1\left(x_i\right)\right) = \left(y_i - \hat{y}_i - f_1\left(x_i\right)\right)^2$$
$$= -2\left(y_i - \hat{y}_i\right) f_1\left(x_i\right) + \left(y_i - \hat{y}_i\right)^2 + f_1\left(x_i\right)^2$$

考虑到 $y_i - \hat{y}_i$ 相对于优化的变量 f_1 已经是常数, 所以优化的目标则是

$$\max_{f_1(x_i)} -2\left(y_i - \hat{y}_i\right) f_1\left(x_i\right) + f_1\left(x_i\right)^2$$

而这个优化问题的解显然是

$$f_1\left(x_i\right) = y_i - \hat{y}_i$$

但是, 如果不是平方的损失函数, 就会面临无法直接求解 $f_1(x)$ 的问题。这时可以通过泰勒展开式进行一阶和二阶的逼近, 即

$$l\left(y_i, \hat{y}_i + f\left(x_i\right)\right) \sim l\left(y_i, \hat{y}_i\right) + l_1\left(y_i, \hat{y}_i\right) f_1\left(x_i\right) + \frac{1}{2} l_2\left(y_i, \hat{y}_i\right) f_1^2\left(x_i\right) \quad (11.1)$$

其中有

$$l_1(x, y) = \frac{\partial l}{\partial y} l(x, y), \quad l_2(x, y) = \frac{\partial^2 l}{\partial y^2} l(x, y)$$

等价于使用二次函数来逼近一般的光滑函数。但是二次函数存在极小值点

$$\min_x l\left(y_i, \hat{y}_i\right) + l_1\left(y_i, \hat{y}_i\right) x + \frac{1}{2} l_2\left(y_i, \hat{y}_i\right) x^2$$

且极小值点在 $x = -\frac{l_1}{l_2}$ 时达到, 极小值为

$$l\left(y_i, \hat{y}_i\right) - \frac{1}{2} \frac{l_1^2\left(y_i, \hat{y}_i\right)}{l_2\left(y_i, \hat{y}_i\right)}$$

回到式 (11.1) 的优化问题, 应调整标签为

$$f_1(x) = -\frac{l_1(y_i, \hat{y}_i)}{l_2(y_i, \hat{y}_i)}$$

一般情况下, 不仅可以使用两个模型来进行提升, 还可以使用更多的模型来进行提升。例如, 可以从第 k 个模型到第 $k+1$ 个模型不断迭代, 那么有

$$\hat{y}_i^0 = 0$$
$$\hat{y}_i^1 = \hat{y}_i^0 + f_1\left(x_i\right)$$
$$\hat{y}_i^2 = \hat{y}_i^1 + f_2\left(x_i\right)$$
$$\vdots$$
$$\hat{y}_i^t = \hat{y}_i^{t-1} + f_t\left(x_i\right)$$

在构造第 t 棵树时, 损失函数为

$$\sum_i l\left(y_i, \hat{y}_i^{t-1} + f_t\left(x_i\right)\right)$$

然后可以应用泰勒展开式进行逼近处理。

上面的推导仅仅是在理想情况下, 而在实际使用的很多模型中还有更具体的细节需要处理。下面利用最近流行的一个模型 XGboost 进行详细的说明。首先选取一个基础模型, 这里选择使用标准的决策树 (如 CART 树) 来对问题进行分类。回忆 CART 树的构造过程, 在每个节点选择特征 j, 从而进一步选择 c_j, 区分出 $x_{ij} > c_j, x_{ij} < c_j$, 使得

$$\sum_{x_{ij}<c_j}\left(y_i - \bar{y}_j\right)^2 + \sum_{x_{ij}>c_j}\left(y_i - \bar{y}_j'\right)^2$$

为最小。一旦确定了 c_j, 就有

$$\bar{y}_j = \frac{\sum_{x_{ij}>c_j} y_i}{k}, \bar{y}_j' = \frac{\sum_{x_{ij}<c_j} y_i}{n-k}$$

现在, 每个数据点 x_i 都有原始标签 y_i 和模型的预测 $\hat{y}_i$。如果不满意第一次学习结果, 就会构造增量标签 $(y_i - \hat{y}_i)$。再重造一棵树时, 目标成为选择特征 j, 同时决定划分 c_j, 使得

$$\sum_{x_{ij}<c_j}\left(y_i - \hat{y}_i - x\right)^2 + \sum_{x_{ij}>c_j}\left(y_j - \hat{y}_j - x'\right)^2$$

为最小, 其中 x, x' 也是优化的对象。如果展开其中一个表达式, 可以看到

$$\sum_{x_{ij}>c_j}\left(y_j - \hat{y}_j - x\right)^2 = \sum_{x_{ij}>c_j}\left(y_j - \hat{y}_j\right)^2 - 2\sum_{x_{ij}>c_j}\left(y_j - \hat{y}_j\right)x + kx^2$$

其中，k 为 $x_{ij} > c_j$ 的个数。这样，可以迅速得到问题的最优解为

$$x = \frac{\sum\limits_{x_{ij} > c_j} (y_j - \hat{y}_j)}{k}$$

且带回得到最小值为

$$\sum_{x_{ij} > c_j} (y_j - \hat{y}_j)^2 - \frac{\left(\sum\limits_{x_{ij} > c_j} (y_j - \hat{y}_j)\right)^2}{k}$$

上述过程是在平方和的情况下。一般情况下，还是可以应用泰勒展开式，有

$$l(y_i, \hat{y}_i + x) \sim l(y_i, \hat{y}_i) + l_1(y_i, \hat{y}_i) x + \frac{1}{2} l_2(y_i, \hat{y}_i) x^2$$

从而计算

$$I(c) = \sum_{x_j > c} l(y_j, \hat{y}_j), G(c) = \sum_{x_j > c} l_1(y_i, \hat{y}_i), H(c) = \sum_{x_j > c} l_2(y_i, \hat{y}_i)$$

利用上述记号，问题就成为

$$\min_x I + Gx + \frac{1}{2} Hx^2$$

这个问题的最优解在 $x = -G/H$ 处达到，且最小值就是

$$I - \frac{1}{2} \frac{G}{H^2}$$

由此可知，选择哪个特征以及选择哪个 c 的关键就是使得上述的量最小。第二棵树的构造完成以后，前面两棵树的预测值相加，得到了新的预测值 $\hat{y}_i$，以此类推构造下一棵决策树，这就是 XGBoost 树的构造过程。

11.4　AdaBoost 方法

下面叙述并证明一个理论上的结果。这个结果说明，一个弱学习器或者弱分类器可以通过提升的方法成为一个强分类器。如果一个分类器不能较好地得到分类效果，即损失函数不能充分小时，可以退而求其次，来考虑"弱分类器"。弱分类器的定义如下：已知任意给出的点集

$$S = \{(x_1, y_1, D_1), (x_2, y_2, D_2), \cdots, (x_m, y_m, D_m)\}$$

其中，D_i 是分配在每个点上的概率。假如一定可以找到一个分类算法 h_S，使得 $\lambda > 0$ 时，有

$$L_S\left(h_S\right) < \frac{1}{2} - \lambda$$

其中

$$L_S(h) = \sum_{i=1}^{m} D_i I_{h(x_i) \neq y_i}$$

就称之为一个弱分类器。但是，弱分类函数是否可以做出强分类函数呢？现在证明这个是可能的，唯一的问题就是，这个强分类函数未必还在原来的假设空间中。事实上，强分类函数是这些弱分类函数的一种线性组合。现在来递归构造若干个弱分类函数。首先，按照等权重配比概率就可以给出 $h^{(1)}$，根据这个弱分类函数，定义

$$f^{(1)}(x) = w_1 h^{(1)}(x)$$

作为第一个提升函数，其中 w_1 是一个待定的系数。重新构造点的权重

$$D_i^{(2)} = \frac{\mathrm{e}^{-f^{(1)}(x_i) y_i}}{\sum_i \mathrm{e}^{-f^{(1)}(x_i) y_i}}$$

显然，对于那些 $h^{(1)}(x_i) \neq y_i$ 的点上，权重会高一些。将这些新的权重 $D^{(2)}$ 分配到每个点上，因为任意一个带测度的点集都可以取到一个弱分类函数，从而就有新的函数 $h^{(2)}(x)$。再根据新的函数定义

$$D_i^{(3)} = \frac{\mathrm{e}^{-f^{(2)}(x_i) y_i}}{\sum_i \mathrm{e}^{-f^{(2)}(x_i) y_i}}$$

以此类推得到 $h^{(n)(x)}$。其中，构造一个新的函数

$$f^{(n)}(x) = \sum_{i=1}^{n} w_i h^{(i)}(x)$$

这个函数是这些弱分类函数的线性组合，现在我们断言这个函数在等权重下满足

$$L_S\left(f^{(n)}\right) = \frac{1}{m} \left|\left\{x_i \mid \mathrm{sign}\left(f^{(n)}\left(x_i\right)\right) \neq y_i\right\}\right| \leqslant \mathrm{e}^{-2\lambda^2 n}$$

首先可以看到，当 $f_n\left(x_i\right) \cdot y_i < 0$ 时，就有

$$1 < \mathrm{e}^{-y_i f(x_i)}$$

从而对于任何一个分类函数 $f(x)$，都有

$$L_S(f) \leqslant \frac{1}{m} \sum_{i=1}^{n} \mathrm{e}^{-y_i f(x_i)}$$

现在令

$$Z_n = \frac{1}{m} \sum_{i=1}^{n} \mathrm{e}^{-y_i f^{(n)}(x_i)}$$

计算

$$\begin{aligned}
\frac{Z_n}{Z_{n-1}} &= \frac{\sum\limits_{i} \mathrm{e}^{-y_i f^{(n)}(x_i)}}{\sum\limits_{i} \mathrm{e}^{-y_i f^{(n-1)(x_i)}}} \\
&= \frac{\sum\limits_{i} \mathrm{e}^{-y_i f^{(n-1)}(x_i)} \mathrm{e}^{-w_n y_i h^{(n)}(x_i)}}{\sum\limits_{i} \mathrm{e}^{-y_i f^{(n-1)}(x_i)}} \\
&= \sum_{i} D_i^{(n)} \mathrm{e}^{-w_n y_i h^{(n)}(x_i)} \\
&= \mathrm{e}^{w_n} \sum_{h^{(n)}(x_i) \neq y_i} D_i^{(n)} + \mathrm{e}^{-w_n} \sum_{h^{(n)}(x_i) = y_i} D_i^{(n)}
\end{aligned}$$

令 ϵ 是在第 n 个弱分类器的错误率, 那么

$$\epsilon = \sum_{h^{(n)}(x_i) \neq y_i} D_i^{(n)}$$

有

$$\frac{Z_n}{Z_{n-1}} = \mathrm{e}^{w_n} \epsilon + \mathrm{e}^{-w_n}(1-\epsilon)$$

现在计算上面表达式的最小值。通过计算可知, 当

$$\mathrm{e}^{w_n} = \sqrt{\frac{1-\epsilon}{\epsilon}}$$

时, 可以让 $\mathrm{e}^{w_n} \epsilon + \mathrm{e}^{-w_n}(1-\epsilon)$ 达到最小, 且这时应有

$$\mathrm{e}^{w_n} \epsilon + \mathrm{e}^{-w_n}(1-\epsilon) = 2\sqrt{\epsilon(1-\epsilon)} \leqslant \sqrt{1-4\lambda^2}$$

至此证明了

$$\frac{Z_n}{Z_{n-1}} \leqslant \sqrt{1-4\lambda^2}$$

从而可证明

$$\frac{1}{m}\left|\left\{x_i : f^{(n)}(x_i) \neq y_i\right\}\right| \leqslant \left(\sqrt{1-4\lambda^2}\right)^n$$

再次利用不等式 $e^{-x} \geqslant 1 - x$, 就有

$$\left(\sqrt{1-4\lambda^2}\right)^n \leqslant e^{-2n\lambda^2}$$

习　题

(1) 构造一个在区间 $[a,b]$ 上的非线性函数 (如 $\sin x$ 或者任何其他函数)。通过给出一定样本点, 使用 CART 决策树来学习并预测, 并比较学习的样本内外误差。

(2) 构造一个在区间 $[a,b]$ 上的非线性函数 (如 $\sin x$ 或者任何其他函数)。通过给出一定样本点, 使用 xgboost 函数库中的 XGBRegressor 来学习并预测, 并比较学习的样本内外误差。

(3) 构造一个在区间 $[a,b]$ 上的非线性函数 (如 $\sin x$ 或者任何其他函数)。通过给出一定样本点, 使用一次 CART 决策树来学习并预测。对于每个标签 x_i, 假定预测值为 $\hat{y}_i^1$, 然后计算和原始标签的区别 $(y_i - \hat{y}_i^1)$ 成为一个新标签, 再使用第二次 CART 决策树来学习这个新标签, 得到预测值 $\hat{y}_i^2$, 把两次学习的预测值相加 $(\hat{y}_i^1 + \hat{y}_i^2)$ 成为最后预测值。试计算最后的样本内误差和样本外误差。照此办法, 再次计算误差 $y_i - \hat{y}_i^1 - \hat{y}_i^2$; 继续做几次, 看看是否可以拟合得更好。

(4) 构造二维平面上的线性 (或者非线性) 可分 (或者不可分) 点集, 使用 SVM、决策树和 XGBoostClassifier 进行分类, 并比较分类效果。

第12章　主成分分析

从本章开始，我们逐渐转向非监督式学习。非监督式学习和监督式学习的一个明显区别就是，非监督式学习的数据是没有标签的。

在机器学习中，给出的数据都带有特征。为了让学习更加有效，特征的选择其实非常重要。显然，把一些重要的特征提取出来，学习过程可能更加有效，学习的精确度也可能更高。

对于一个数据而言，是否给出大量的特征就更好呢？在所有特征中，有些特征本质上是不同的，但有些特征本质上是相同的。更多时候，两个特征表面上不同，但是这两个特征线性合成以后也许等同于第三个特征。

在金融的领域也经常见到类似情况。例如，交易所的股票收益率表面上各不相同，但是相关性很大。在传统的 CAPM 模型以及多因子模型中，核心的想法都是试图通过降维来解释股票的收益率。

在固定收益领域也是如此。不同到期的利率构成的利率曲线，虽然每天都在变化，但是变化并不是完全随机的。所以，背后的影响机制也是可以用不是很多的维度来解释的。所有上述问题，可以从主成分分析角度来研究。

主成分分析就是针对特征提取有效成分以及降维的方法。这个方法在监督式学习和非监督式学习中都有常见的应用。介绍主成分分析需要一些线性代数的准备工作。

12.1　对称矩阵特征值和特征向量

为了叙述主成分分析，首先要温习一下线性代数中的重要概念。先从特征值和特征向量说起。

定义 12.1　对于实方阵 $\boldsymbol{A}$, 定义

$$f(\lambda) = \det(\lambda \boldsymbol{I} - \boldsymbol{A})$$

为一个矩阵 $\boldsymbol{A}$ 的特征多项式, 可以记为 $f_{\boldsymbol{A}}(\lambda)$。这个多项式是行列式, 展开以后是一个 n 次多项式。如果有 λ_0 满足

$$f(\lambda_0) = 0$$

那么称 λ_0 为 $\boldsymbol{A}$ 的特征值, 相应的向量 $\boldsymbol{v}$ 使得

$$\boldsymbol{A}\boldsymbol{v} = \lambda_0 \boldsymbol{v}$$

称 v 为矩阵 A 的特征向量。

一般考虑实矩阵, 也考虑其特征值和对应的特征向量。但是, 什么样的矩阵具有相同的特征值和相同的特征向量呢? 有下面的结果。

定理 12.1 相似矩阵具有相同的特征多项式, 转置矩阵具有相同的特征多项式。

根据这个结果, 计算特征值时也可以等价来计算矩阵的相似矩阵。但是就算是一个实矩阵, 也未必具有实的特征值。考虑一个特殊矩阵 (即对称矩阵), 会发现一个特殊现象。一个矩阵在实数域未必有特征值; 在复数域, 未必每个特征值都是实数。对称矩阵最关键的性质如下。

定理 12.2 一个实对称矩阵 A 的特征值都是实数, 而且可以相似于对角矩阵。

对称矩阵的这个性质非常重要, 在很多地方都有重要的应用。下面通过若干步骤来证明这个定理。

定理 12.3 对应于矩阵 A 的不同特征值的特征向量互相都是正交的。

证明 对于两个特征值 λ_1, λ_2, 对应的两个特征向量为 x_1, x_2。因为

$$Ax_1 = \lambda_1 x_1, \quad Ax_2 = \lambda_2 x_2$$

所以

$$\lambda_1 (x_1, x_2) = (Ax_1, x_2) = (x_1, Ax_2) = \lambda_2 (x_1, x_2)$$

又因为 $\lambda_1 \neq \lambda_2$, 所以 $(x_1, x_2) = 0$, 从而得到结果。 证毕

定理 12.4 实对称矩阵 A 有不变子空间 V_1, 那么和 V_1 垂直的子空间 W 仍然是 A 的不变子空间。

证明 全空间有直和分解 $V = V_1 \oplus W$, 对于任意 $w \in W$ 和任意 $v_1 \in V_1$, 因为 $Av_1 \in V_1$, 所以

$$(v_1, Aw) = (Av_1, w) = 0$$

这就证明了 $AW \subset W$。 证毕

可以看到, 对于一个非零的对称矩阵 A, 在单位圆上, 就是那些 $(x, x) = 1$, 考虑 (Ax, x) 能够取到的最大值。假设这个最大值在 x_1 取到, 那么有

$$(Ax_1, x_1) = \sup_{\|x\|=1} (Ax, x)$$

下面讨论 $\boldsymbol{x}_1$ 所具有的特点。

定理 12.5　令 $(\boldsymbol{A}\boldsymbol{x}_1, \boldsymbol{x}_1) = \sup_{\|\boldsymbol{x}\|=1}(\boldsymbol{A}\boldsymbol{x}, \boldsymbol{x})$，那么 $\boldsymbol{x}_1$ 必然是矩阵 $\boldsymbol{A}$ 的特征向量, 同时对应的特征值是 $\boldsymbol{A}$ 的特征值中最大的。

证明　令

$$\lambda_1 = (\boldsymbol{A}\boldsymbol{x}_1, \boldsymbol{x}_1) = \sup_{\|\boldsymbol{x}\|=1}(\boldsymbol{A}\boldsymbol{x}, \boldsymbol{x})$$

对于任何的常数 a 和向量 $\boldsymbol{y}$，考虑 $\boldsymbol{x} = \boldsymbol{x}_1 + a\boldsymbol{y}$，根据条件, 有

$$(\boldsymbol{A}(\boldsymbol{x}_1 + a\boldsymbol{y}), \boldsymbol{x}_1 + a\boldsymbol{y}) \leqslant \lambda_1(\boldsymbol{x}_1 + a\boldsymbol{y}, \boldsymbol{x}_1 + a\boldsymbol{y})$$

同时等式在 $a = 0$ 时取得。将两边展开, 同时考虑极大值对于 a 求导数, 那么

$$(\boldsymbol{A}\boldsymbol{x}_1, \boldsymbol{y}) = \lambda(\boldsymbol{x}_1, \boldsymbol{y})$$

对于任何 $\boldsymbol{y}$ 都成立, 从而 $\boldsymbol{A}\boldsymbol{x}_1 = \lambda_1\boldsymbol{x}_1$。这个 λ_1 也容易证明是最大的特征值。

证毕

定理 12.6　全空间 V 必然可以有直和分解

$$V = V_1 \oplus V_2 \oplus \cdots \oplus V_k$$

其中, V_i 是 $\boldsymbol{A}$ 的一维特征子空间, 对应于特征值 $\lambda_1, \lambda_2, \cdots, \lambda_k$, 从而实对称矩阵 $\boldsymbol{A}$ 必然相似于对角矩阵。

证明　对于对称矩阵, 从最大的特征值开始

$$\lambda_1 = \sup_{\|\boldsymbol{x}\|=1}(\boldsymbol{A}\boldsymbol{x}, \boldsymbol{x})$$

λ_1 是特征值, 且

$$V_1 = \operatorname{Ker}(\lambda_1\boldsymbol{I} - \boldsymbol{A})$$

是不变子空间。取垂直子空间 W, 使得

$$V = V_1 \oplus W$$

前面已经证明了 W 是 $\boldsymbol{A}$ 的不变子空间, 所以考虑 $\boldsymbol{A}|_W$ 成为对称矩阵, 仍然可以考虑

$$\lambda_2 = \sup_{\|\boldsymbol{x}\|=1, (\boldsymbol{x}, \boldsymbol{x}_1)=0}(\boldsymbol{A}\boldsymbol{x}, \boldsymbol{x})$$

以此类推, 可以得到所有特征矩阵的特征值

$$\lambda_1 \geqslant \lambda_2 \geqslant \cdots \geqslant \lambda_k$$

和相应的特征子空间

$$V_i = \text{Ker}\,(\lambda_i \boldsymbol{I} - \boldsymbol{A})$$

从而得到全空间分解

$$V = V_1 \oplus V_2 \oplus \cdots \oplus V_k$$

其中，V_i 是 $\boldsymbol{A}$ 的特征子空间, 对应于特征值 $\lambda_1, \lambda_2, \cdots, \lambda_k$, 从而实对称矩阵 $\boldsymbol{A}$ 必然相似于对角矩阵。 证毕

12.2 矩阵的奇异值分解

有了对称矩阵的特征值和特征向量的讨论, 现在可以对一般的矩阵进行进一步分解, 即矩阵的奇异值分解。

定理 12.7 一个矩阵 $\boldsymbol{A}_{m \times n}$ 一定可以分解为矩阵的乘积表现形式

$$\boldsymbol{A} = \boldsymbol{P \Sigma Q}$$

其中, $\boldsymbol{P}_{m \times m}, \boldsymbol{Q}_{n \times n}$ 是正交矩阵, 如果 $m < n$, 那么 $\boldsymbol{\Sigma}$ 可以写成

$$\boldsymbol{\Sigma} = (\Lambda_m, O)$$

如果 $m > n$, 那么 $\boldsymbol{\Sigma}$ 可以写成

$$\boldsymbol{\Sigma} = \begin{pmatrix} \Lambda_n \\ O \end{pmatrix}$$

其中, $\boldsymbol{\Sigma}$ 是一个对角矩阵。

证明 首先证明一个特殊情况。如果矩阵 $\boldsymbol{A}_{m \times n}$ 满足性质 $\boldsymbol{A}^{\mathrm{T}} \boldsymbol{A} = \boldsymbol{\Sigma}^{\mathrm{T}} \boldsymbol{\Sigma}$, 其中 $\boldsymbol{\Sigma}_{m \times n}$ 是对角矩阵, 那么一定有 m 维正交矩阵 $\boldsymbol{P}_{m \times m}$, 使得

$$\boldsymbol{A} = \boldsymbol{P \Sigma}$$

这是因为对于一个线性空间之间的线性映射 $\boldsymbol{A} : \mathbb{R}^n \to \mathbb{R}^m$ 来说, 有

$$(\boldsymbol{Ax}, \boldsymbol{Ay}) = (\boldsymbol{\Sigma x}, \boldsymbol{\Sigma y})$$

对于任何两个 $\boldsymbol{x}, \boldsymbol{y} \in \mathbb{R}^n$ 都成立。特别的, 对于 $\mathbb{R}^n$ 中的一组正交基

$$e_1, e_2, \cdots, e_n$$

就有 $(\boldsymbol{\Sigma} e_i, \boldsymbol{\Sigma} e_j) = 0$, 从而有 $(\boldsymbol{A} e_i, \boldsymbol{A} e_j) = 0$, 从而

$$\boldsymbol{A} e_1, \boldsymbol{A} e_2, \cdots, \boldsymbol{A} e_n$$

也正交且保距, 于是可以做出线性映射 P, 使得 $P\Sigma(e_i) = A(e_i)$。当 $\Sigma e_i = 0$ 时, 必然有 $Ae_i = 0$。这个线性映射 P 也必然是一个正交矩阵。现在来考虑一般情况, 对于对称半正定矩阵 $A^{\mathrm{T}}A$, 有

$$A^{\mathrm{T}}A = Q^{\mathrm{T}}\Sigma^2 Q$$

其中, 矩阵 Q 是一个 n 维正交矩阵, Σ 是一个对角矩阵。此时必然有 $QA^{\mathrm{T}}AQ^{\mathrm{T}} =$

$$AQ^{\mathrm{T}} = P\Sigma$$

所以就有分解 $A = P\Sigma Q$ 成立。　　　　　　　　　　　　　　　　　证毕

矩阵的奇异值分解的本质是: 一个一般实矩阵 A 可以看成一个线性变换 $A: \mathbb{R}^n \rightarrow \mathbb{R}^m$, 而在 $\mathbb{R}^n$ 和 $\mathbb{R}^m$ 中重新选取了一组正交基以后, 矩阵的形式就变得很简单。

12.3　主成分分析

根据矩阵的奇异值分解, 可以对数据进行主成分分析处理。首先来看矩阵的奇异值分解的几何理论。给出矩阵 $X_{n \times k}$, 进行奇异值分解以后, 有

$$X = P\Lambda Q$$

其中, P_n, Q_k 都是正交矩阵, 而 $\Lambda_{n \times k}$ 是一个对角线上有元素其他都是零元素的矩阵。可以把 X 看成是由行向量构成的矩阵, 即

$$X = (x_1, x_2, \cdots, x_n)^{\mathrm{T}}$$

其中, x_i 是 k 维的行向量。其分量为

$$x_i = (x_{i1}, x_{i2}, \cdots, x_{ik})$$

等式的左边是 x_i 这些行向量的线性组合, 而右边

$$\Lambda Q = (\lambda_1 q_1, \lambda_2 q_2, \cdots, \lambda_k q_k)$$

则是一些互相正交的向量。所以, 矩阵 X 的奇异值分解可以看成是 X 的行向量做线性组合构成新的一组互相正交的向量的过程。如果 Λ 对角线上的元素已经按从大到小排列, 即 $\lambda_1 \geqslant \lambda_2 \geqslant \cdots$, 则有

$$\lambda_1^2 = \max_{a_1^2 + a_2^2 + \cdots + a_n^2 = 1} \|a_1 x_1 + a_2 x_2 + \cdots + a_n x_n\|^2$$

同样, 可以把 X 看成是由列向量构成的矩阵。这些列向量为

$$X = (x_1, x_2, \cdots, x_k)$$

其中，$\boldsymbol{x}_i = (x_{i1}, x_{i2}, \cdots, x_{in})^{\mathrm{T}}$ 一共有 n 个分量。此时，根据奇异值分解有 $\boldsymbol{X}\boldsymbol{Q}^{\mathrm{T}} = \boldsymbol{P}\boldsymbol{\Lambda}$，如果把正交矩阵 $\boldsymbol{P} = (\boldsymbol{p}_1, \boldsymbol{p}_2, \cdots, \boldsymbol{p}_n)$ 也看成是由 n 个列向量构成的，那么有

$$\boldsymbol{X}\boldsymbol{Q}^{\mathrm{T}} = (\lambda_1\boldsymbol{p}_1, \lambda_2\boldsymbol{p}_2, \cdots, \lambda_n\boldsymbol{p}_n)$$

所以同样有

$$\lambda_1^2 = \max_{a_1^2 + \cdots + a_k^2 = 1} \|a_1\boldsymbol{x}_1 + a_2\boldsymbol{x}_2 + \cdots + a_k\boldsymbol{x}_k\|^2$$

无论把矩阵 $\boldsymbol{X}$ 看成是行向量还是列向量，奇异值分解都可以帮助我们去构造这些向量的线性组合，使之成为一组互相正交的向量，同时这些向量的线性系数也顺便构成一个正交矩阵。如果令

$$(\boldsymbol{z}_1, \boldsymbol{z}_2, \cdots, \boldsymbol{z}_k) = (\boldsymbol{x}_1, \boldsymbol{x}_2, \cdots, \boldsymbol{x}_k)\,\boldsymbol{P}$$

那么 $\boldsymbol{z}_i$ 互相正交，同时 $\lambda_i = \|\boldsymbol{z}_i\|$ 依次递减，可以称之为主成分。主成分分析和线性回归也有一定的关系。考虑通常意义下一维的线性回归问题。有两组序列 $\boldsymbol{x}_1, \boldsymbol{x}_2, \cdots, \boldsymbol{x}_n$ 和 $\boldsymbol{y}_1, \boldsymbol{y}_2, \cdots, \boldsymbol{y}_n$，希望寻找常数 k，使得

$$k = \underset{k}{\operatorname{argmin}} \|\boldsymbol{y} - k\boldsymbol{x}\|^2$$

从而可以很容易解出

$$k = \frac{(\boldsymbol{x}, \boldsymbol{y})}{(\boldsymbol{x}, \boldsymbol{x})}$$

从几何意义上解释，这样做的目的是从 $\boldsymbol{y}$ 这个向量向由 $\boldsymbol{x}$ 构成的一维线性空间做垂直投影。这个垂直投影当然落在了由 $\boldsymbol{x}$ 构成的线性空间中。如果换个角度，从二维平面上看，目的不再是从每个 y_i 向直线 $y = kx$ 做竖直的投影，而是向这个直线做垂直投影，需要优化的就应该是

$$k = \underset{k}{\operatorname{argmin}} \frac{y - kx}{\sqrt{1 + k^2}}$$

此时，令

$$a = \frac{1}{\sqrt{1 + k^2}}, \quad b = \frac{-k}{\sqrt{1 + k^2}}$$

那么有

$$(a, b) = \underset{a^2 + b^2 = 1}{\operatorname{argmin}} \|ay + bx\|$$

显然，这就是在把 $\boldsymbol{X} = (y, x)$ 做奇异值分解以后形成的第一个主成分。

第13章 EM 算 法

非监督式学习的根本问题是从不带标签的数据中，通过特征的分析，或者得到数据的分布，或者得到数据的聚类。从数据的统计分布角度来看，使用的方法往往是统计和概率的方法；而希望得到聚类，使用的方法往往是一些几何的方法。本章所介绍的 EM 算法就是得到数据分布的一种常用方法。

13.1 一个概率问题

先来看一个概率问题。有两个袋子，分别装两种颜色 (白色和黑色) 的球，都有无穷多个。第一个袋子里面白色球的占比是 p，第二个袋子里面白色球的占比是 q。从第一个袋子里面取球的概率是 w，则从第二个袋子里面取球的概率就是 $1-w$。现场依概率分别从每个袋子里面取球，得到一系列的球，用 x_i 来表示，其中 $x_i = 1$ 表示取出的球是白色，$x_i = 0$ 表示取出的球是黑色。根据给出的条件，就有下面的条件概率

$$P(x = 1 \mid A) = p, \quad p(x = 1 \mid B) = q$$

在已知这些概率的情况下，先计算几个简单的概率。第一个，甚至任何一个球是白球的概率为

$$wp + (1-w)q$$

所以，取出一个球既是白球又是第一个袋子里的概率是 wp。同理，取出一个球既是白球又是第二个袋子里的概率是 $(1-w)q$。所以，已知一个球是白球，其取自第一个袋子的概率就是

$$p(A \mid x = 1) = \frac{wp}{wp + (1-w)q}, \quad p(B \mid x = 1) = \frac{(1-w)q}{wp + (1-w)q}$$

这个计算是从贝叶斯估计而来的。从机器学习的角度，在给出 n 个样本 $x_1, x_2, \cdots, x_n$ 以后，如何估计这三个概率比例 w, p, q 呢？如果从极大似然估计的角度看，在给出 $x_1, x_2, \cdots, x_n$ 以后，可以看到其产生的概率密度为

$$wp^{x_1}(1-p)^{1-x_i} + (1-w)q^{x_i}(1-q)^{1-x_i}$$

所以整体的密度函数为

$$\prod_{i=1}^{n} \left(wp^{x_i}(1-p)^{1-x_i} + (1-w)q^{x_i}(1-q)^{1-x_i} \right)$$

而极大似然估计就是要求解

$$\sum_{i=1}^{n} \log \left(wp^{x_i}(1-p)^{1-x_i} + (1-w)q^{x_i}(1-q)^{1-x_i} \right)$$

这个问题的求解似乎比较复杂。但是把整个括号内部进行量化以后，就有

$$P = wp + (1-w)q$$

那么就有极大似然估计出的极值

$$\sum_{i=1}^{n} \log \left(P^{x_i}(1-P)^{1-x_i} \right)$$

所以，由伯努利极大似然估计可知

$$wp + (1-w)q = \frac{k}{n}, \quad w(1-p) + (1-w)(1-q) = \frac{n-k}{n}$$

达到极值。但是这个方程有三个未知数，所以有很多解。当确定了两个未知数 (如 p, q) 以后，就可以确定第三个未知数 (w)。现在尝试一个迭代方法。先假设一组参数，如 w_0, p_0, q_0，不一定满足上面的方程。结合给出的样本点 $x_1, x_2, \cdots, x_n$ 来修改参数。在给定参数下，可以计算条件概率分布，$p(A \mid x_i), p(B \mid x_i)$ 都可以计算出来，所以可以用

$$a = \frac{w_0 p_0}{w_0 p_0 + (1-w_0)\, q_0}$$

$$b = \frac{w_0\,(1-p_0)}{w_0\,(1-p_0) + (1-w_0)\,(1-q_0)}$$

$$c = \frac{(1-w_0)\, q_0}{w_0 p_0 + (1-w_0)\, q_0}$$

$$d = \frac{(1-w_0)\,(1-q_0)}{w_0\,(1-p_0) + (1-w_0)\,(1-q_0)}$$

这里分别代表 $p(A \mid x_i = 1), p(A \mid x_i = 0), p(B \mid x_i = 1), p(B \mid x_i = 0)$ 这些概率。所以应有

$$\sum_{x_i=1}(a+c) = k, \quad \sum_{x_i=0}(b+d) = n-k$$

在这组估计值确定以后，用下面各项来估计新的参数

$$p_1 = \frac{\displaystyle\sum_{x_i=1} a}{\displaystyle\sum_{x_i=1} a + \sum_{x_i=0} b}$$

$$q_1 = \frac{\displaystyle\sum_{x_i=1} c}{\displaystyle\sum_{x_i=1} c + \sum_{x_i=0} d}$$

$$w_1 = \frac{\displaystyle\sum_{x_i=1} a + \sum_{x_i=0} b}{n}$$

$$1 - w_1 = \frac{\displaystyle\sum_{x_i=1} c + \sum_{x_i=0} d}{n}$$

所以可验证得到

$$w_1 p_1 + (1 - w_1)\, q_1 = \frac{k}{n}$$

从而得到最优的解答。

这告诉我们, 从任何一组参数 (哪怕是不正确的参数) 出发, 经过一次迭代以后就得到了正确的参数。这个例子仅需要一次迭代, 然而在更加复杂的问题中, 一次迭代可能就不够了, 可能需要多次迭代。

13.2　混合高斯分布的 EM 算法

所谓混合高斯分布, 是指若干高斯分布函数

$$f_1(x), f_2(x), \cdots, f_k(x)$$

同时配比一组系数 $w_1, w_2, \cdots, w_k$, 这组系数满足条件 $w_i \in [0,1]$, 且

$$w_1 + w_2 + \cdots + w_k = 1$$

由此, 就可以构造一个新的密度函数

$$f(x) = w_1 f_1(x) + w_2 f_2(x) + \cdots + w_k f_k(x)$$

满足这个分布的随机变量是怎么产生的呢? 首先有 k 个符合上述高斯分布的随机变量 X_i, 其次定义一个新的随机变量, 其产生的概率为

$$P(X = X_i) = w_i$$

这样就定义了满足 $f(x)$ 作为分布函数的随机变量。

现在考虑下面的机器学习问题。给出的是 $x_1, x_2, \cdots, x_n$ 这些点。作为无监督模型, 假设这些点都来源于混合分布, 即每个点 (x_i) 都是先按照一定的概率 (w_k)

指定一个概率分布, 再从这个概率分布密度函数中产生随机变量, 那么这个点的密度函数就是

$$\prod_{i=1}^{n} \left(\sum_{j=1}^{k} w_j f_j \left(x_i \right) \right)$$

为了简便, 约定这些概率分布都是高斯分布, 带有均值和方差, 那么可以写成

$$f_j(x) = p_j \left(x, \mu_j, \sigma_j \right)$$

从而总体的样本密度函数为

$$\prod_{i=1}^{n} \left(\sum_{j=1}^{k} w_j p_j \left(x_i, \mu_j, \sigma_i \right) \right)$$

所以, 极大似然估计的问题就成为估计

$$\max_{w, \mu, \sigma} \prod_{i=1}^{n} \left(\sum_{j=1}^{k} w_j p_j \left(x, \mu_j, \sigma_i \right) \right)$$

虽然已把这个无监督问题转化为一个极大似然估计, 但是优化问题的求解应该是很困难的。即便取对数, 还是要优化函数

$$\sum_{i=1}^{n} \log \left(\sum_{j=1}^{k} w_j p_j \left(x, \mu_j, \sigma_i \right) \right)$$

因为对数函数是非线性的, 所以转换以后的问题同样很困难。现在使用 EM 估计的方法来考虑这个问题。假设 x_i 可以从某个高斯分布中得来，这个高斯分布的指标用 z_i 来表示。所以 $z_i = 1, 2, \cdots, k$ 都有可能。现在假设

$$p \left(z_i = j \mid x_i \right) = w_{ij}$$

给出一组参数 $w_i^0, \mu_j^0, \sigma_j^0$, 就可以计算

$$w_{ij} = P \left(z_i = j \mid x_i \right) = \frac{w_j^0 f_j \left(x_i \right)}{\sum\limits_{j=1}^{k} w_j^0 f_j \left(x_i \right)}$$

从给出的数值 x_i 分析每个点来自 j 的高斯分布以后, 可以用

$$w_j^1 = \frac{\sum\limits_{i=1}^{n} w_{ij}}{n}$$

来近似计算从第 j 个高斯分布来的概率。同理, 可以用

$$\mu_j^1 = \frac{\sum\limits_{i=1}^{n} w_{ij} x_i}{\sum\limits_{i=1}^{n} w_{ij}}$$

来近似计算第 j 个高斯分布的均值, 以及用

$$\sigma_j^1 = \sqrt{\frac{\sum\limits_{i=1}^{n} w_{ij} \left(x_i - \mu_j^1\right)^2}{\sum\limits_{i=1}^{n} w_{ij}}}$$

来近似计算第 j 个高斯分布的方差。然后继续递归计算 $w_i^2, \mu_j^2, \sigma_j^2$, 从而期待得到收敛。现在从理论上试图深入讨论这个问题。这其实等同于下式, 所以极值问题就转化为对于不等式右边的极值问题。本来问题是求解

$$\max \sum_{i1}^{n} \log \left(\sum_{j=1}^{k} w_j f_j\left(x_i\right)\right)$$

但是可以重新改写为

$$\sum_{j=1}^{k} w_j f_j\left(x_i\right) = \sum_{j=1}^{k} w_{ij}^0 \frac{w_j f_j\left(x_i\right)}{w_{ij}^0}$$

因为 $\sum\limits_{j=1}^{k} w_{ij}^0 = 1$, 所以有

$$\log \left(\sum_{j=1}^{k} w_{ij}^0 \frac{w_j f_j\left(x_i\right)}{w_{ij}^0}\right) \geqslant \sum_{j=1}^{k} w_{ij}^0 \left(\log \frac{w_j f_j\left(x_i\right)}{w_{ij}^0}\right)$$

从而

$$\sum_{i=1}^{n} \log \left(\sum_{j=1}^{k} w_{ij}^0 \frac{w_j f_j\left(x_i\right)}{w_{ij}^0}\right) \geqslant \sum_{i=1}^{n} \sum_{j=1}^{k} w_{ij}^0 \left(\log \frac{w_j f_j\left(x_i\right)}{w_{ij}^0}\right)$$

之所以这样做, 是因为上述不等式的右边在求极值时会更方便一些。首先

$$\sum_{i=1}^{n} \sum_{j=1}^{k} w_{ij}^0 \left(\log \frac{w_j f_j\left(x_i\right)}{w_{ij}^0}\right) = \sum_{j=1}^{k} \sum_{i=1}^{n} w_{ij}^0 \left(\log \frac{w_j f_j\left(x_i\right)}{w_{ij}^0}\right)$$

$$= \sum_{j=1}^{k} \sum_{i=1}^{n} w_{ij}^0 \left(\log \frac{w_j}{w_{ij}^0}\right) + \sum_{j=1}^{k} \sum_{i=1}^{n} w_{ij}^0 \left(\log f_j\left(x_i\right)\right)$$

在上述表达式中, 分别对参数求极值。在引入了拉格朗日乘子的情况下, 可知

$$w_j = \frac{\sum\limits_{i=1}^{n} w_{ij}^0}{n}$$

时使得上述等式达到最大。同时可以看到, 在

$$\mu_j = \frac{\sum\limits_{i=1}^{n} w_{ij}^0 x_i}{\sum\limits_{i=1}^{n} w_{ij}^0}$$

$$\sigma_j^2 = \frac{\sum\limits_{i=1}^{n} w_{ij}^0 \left(x_i - \mu_j\right)^2}{\sum\limits_{i=1}^{n} w_{ij}^0}$$

时右边的第二项达到极大。上述内容描述的整个步骤称为 EM 算法。

13.3　一般形式推导

现在来推导一般形式。一般来说, Y, Z 是两个随机变量。其中, Y 是显性的变量, Z 是隐性的变量。给出所有 Y, 希望估计出背后的参数 θ_0。根据极大似然估计原理, 需要计算

$$\theta = \underset{\theta}{\operatorname{argmax}} \sum_Y \log P(Y \mid \theta)$$

因为有隐性的变量, 所以有

$$\theta = \underset{\theta}{\operatorname{argmax}} G(\theta)$$

其中,

$$G(\theta) = \sum_Y \log(P(Y \mid Z, \theta) P(Z \mid \theta))$$

但是这个极值很难得到, 所以采取迭代的方法求解。先假设有了 $\tilde{\theta}$, 从而有

$$G(\theta) = \sum_Y \log \left(\sum_Z P(Z \mid Y, \tilde{\theta}) \frac{P(Y \mid Z, \theta) P(Z \mid \theta)}{P(Z \mid Y, \tilde{\theta})} \right)$$

所以就有

$$G(\theta) - G(\tilde{\theta}) = \sum_Y \log \left(\sum_Z P(Z \mid Y, \tilde{\theta}) \frac{P(Y \mid Z, \theta) P(Z \mid \theta)}{P(Z \mid Y, \tilde{\theta}) P(Y \mid \tilde{\theta})} \right)$$

使用凸性的 Jensen 不等式, 就有

$$G(\theta) - G(\tilde{\theta}) \geqslant \sum_Y \sum_Z P(Z \mid Y, \tilde{\theta}) \log \left(\frac{P(Y \mid Z, \theta) P(Z \mid \theta)}{P(Z \mid Y, \tilde{\theta}) P(Y \mid \tilde{\theta})} \right)$$

往往后者的极值更容易求得, 所以就对后者求极值。一般有了 θ_i, 可以通过极值得到

$$\theta_{i+1} = \underset{\theta}{\operatorname{argmax}} \sum_Y \sum_Z P(Z \mid Y, \theta_i) \log \left(\frac{P(Y \mid Z, \theta) P(Z \mid \theta)}{P(Z \mid Y, \theta_i) P(Y \mid \theta_i)} \right)$$

为了研究 θ_{i+1} 对于原来目标函数的影响, 需要对函数值 $G(\theta_{i+1})$ 和 $G(\theta_i)$ 进行比较。事实上, 如果定义

$$L(\theta) = \sum_Y \sum_Z P(Z \mid Y, \theta_i) \log \left(\frac{P(Y \mid Z, \theta) P(Z \mid \theta)}{P(Z \mid Y, \theta_i) P(Y \mid \theta_i)} \right)$$

那么显然有 $G(\theta) - G(\theta_i) = L(\theta)$, 所以 $G(\theta_{i+1}) - G(\theta_i) = L(\theta_{i+1})$。但是

$$L(\theta_{i+1}) \geqslant L(\theta_i) = 0$$

从而有 $G(\theta_{i+1}) \geqslant G(\theta_i)$。可以看到, EM 算法在迭代过程中得到一系列的 θ_i, 而且原来密度函数的函数值确实还是递增的。但是也要知道, 这个过程和初始值密切相关, 不能保证收敛到全局极大值。

习　　题

(1) 使用最近邻域法来对手写数据集合进行分类。

(2) 用某个指数过去若干天的涨跌幅作为特征, 使用最近邻域法判别下一天的涨跌幅, 并观察这个方法是否有效。

(3) 自行编写基于若干混合高斯分布的 EM 算法程序包。

(4) 先自己定义若干二维高斯分布, 用一定概率产生基于混合高斯分布的随机变量, 并产生 100~1000 个点。

(5) 现在假定不知道这些点始于哪些高斯分布, 使用 EM 算法把背后高斯分布的参数以及混合高斯分布的系数估计出来, 并画图比较。

(6) 针对同样的点集, 使用 K-Means 的方法来对上述混合高斯分布进行无监督分类, 并画图比较。

(7) 使用最原始的极大似然估计方法硬性求解参数, 并比较和 EM 算法的结果。

(8) 在 A 股的股票数据中, 对于每个股票的日收益率、PBΔPE 以及其他的一些因子, 使用 K-Means 的聚类方法进行分类，并比较这个分类和常用的行业分类有什么不同。分类个数分别取不同整数, 并比较效果。

(9) 在 A 股的股票数据中，对于每个股票的日收益率、PBΔPE 以及其他的一些因子, 假定一个高维的高斯分布, 使用 EM 的方法进行分类，并比较这个分类和常用的行业分类有什么不同。分类个数分别取不同整数, 并比较效果。

(10) 把手写 digits 的数据隐掉 label 以后, 使用 EM 算法和 K-Means 算法检验是否可以正确分类（目标仅仅是区分, 而不是识别出具体数字, 因为那是不可能的），并比较分类结果。

第14章　隐马尔可夫模型

在上一章中提出了一个问题, 即随机从不同的袋子里面抽取小球, 每个袋子里面的球都具有一定概率分布。但是, 每次选择袋子都是按照同样的概率分布, 完全独立。在这个模型中, 只要三个参数 w, p, q 满足下面的频率公式

$$wp + (1-w)q = \frac{k}{n}$$

就是最佳参数选择了。给出的样本计算频率和样本本身的次序是无关的。例如, 十个样本按照下面的次序给出

$$r \quad w \quad w \quad r \quad w \quad r \quad r \quad r \quad w \quad w$$

和按照下面的次序给出

$$r \quad r \quad r \quad r \quad r \quad w \quad w \quad w \quad w \quad w$$

红色和白色出现的频率完全一样, 都是 50%, 但是后面很难想象是随机抽取袋子, 又从袋子里面随机抽取球出现的样本。从而需要考虑一个新的模型来解释这些样本。一个解决的办法就是隐马尔可夫模型。为此, 现在考虑选择袋子不是完全独立的, 而是具有一定的记忆性, 但是又没有长期的记忆性。满足这个要求的一个简单模型就是隐马尔可夫模型。例如, 可供挑选的袋子一共有 i $(i = 1, 2, \cdots, n)$ 个, 时间变换是 t $(t = 1, 2, \cdots)$。每个时间点 t 上选取的袋子是 q_t。隐马尔可夫模型要求满足下面的概率

$$P(q_t \mid q_{t-1}, q_{t-2}, \cdots, q_1) = P(q_t \mid q_{t-1})$$

即下一个时间 $t+1$ 的概率分布仅和现在的时间 t 相关, 和之前的信息无关。如果每次取袋子的方式都是独立的, 那么显然是一种特殊隐马尔可夫模型, 在这个特殊情况下, 有

$$P(q_t \mid q_{t-1}) = P(q_t)$$

一般情况下, 上述过程可以用下面的语言表述出来。假设一个随着时间变换的观察过程有下面

$$v_1, v_2, \cdots, v_k$$

个不同的情况。但是每种情况背后都有一些隐含的状态, 这些状态分别是 $1, 2, \cdots, n$。随着时间序列出现的状态记为 q_t, 所以每个 q_t 可以取上述 n 个状态中的一种。状态之间的转化是符合隐马尔可夫模型的, 即

$$P\left(q_{t+1}=j \mid q_1,q_2,\cdots,q_t\right)=P\left(q_{t+1}=j \mid q_t\right)$$

把隐马尔可夫模型状态之间转换的矩阵称为转移矩阵, 定义为

$$P\left(q_{t+1}=j \mid q_t=i\right)=a_{ij}$$

转移矩阵元素 a_{ij} 满足

$$\sum_{j=1}^{N} a_{ij}=1$$

对于每个 i 都成立。此外，观察到的值仅和其背后的状态有关, 就如同在袋子里面取出来的球的颜色仅和当时的袋子有关, 跟以后的袋子无关, 也和以后的观察值无关, 表述为

$$b_{q_t}\left(o_t\right)=P\left(o_t \mid q_1,q_2,\cdots,q_T,o_1,\cdots,o_{t-1},o_{t+1},\cdots,o_T\right)=P\left(o_t \mid q_t\right)$$

最后定义 $\pi_1,\pi_2,\cdots,\pi_N$ 为初始状态的概率。经过上面这些假设, 就完整定义了隐马尔可夫模型。为了定义这个隐马尔可夫模型, 需要给定的参数有 $\pi_i,a_{ij},b_i\left(o_t\right)$ 等。通常观察的值 $o_1,o_2,\cdots,o_T$ 可以统一称为 O、所有的隐含状态统一称为 Q、所有参数称为 Λ。建立隐马尔可夫模型以后, 在应用中需要解决的问题有以下三个方面。其中, 前面两个都是假定了参数已知, 而最后一个是参数估计。

(1) 概率计算问题。给出所有的参数 Λ 以后, 计算观察值的概率 $P(O \mid \Lambda)$。

(2) 给出观察值 O 以后, 计算参数 Λ, 使得观察值出现的概率最大。

(3) 给出参数 Λ 和观察值 O 以后, 计算最佳的隐含状态 $q_1,q_2,\cdots,q_N$。

下面分别就这三个问题进行讲述。

14.1　第一个问题

为了求解第一个问题, 先来看一个贝叶斯估计问题。对于三个随机变量 X,Y,Z，应有

$$P(X,Y \mid Z)=P(X \mid Y,Z)P(Y \mid Z)$$

先来证明这个等式。等式左边

$$P(X,Y \mid Z)=\frac{P(X,Y,Z)}{P(Z)}$$

$$=\frac{P(X \mid Y,Z)P(Y,Z)}{P(Z)}$$

$$=P(X \mid Y,Z)\frac{P(Y,Z)}{P(Z)}$$

$$=P(X \mid Y,Z)P(Y \mid Z)$$

为了分析第一个问题下面的概率, 首先循环使用上面的等式来计算 $P(q_0 = i_0, q_1 = i_1, \cdots, q_T = i_T)$, 有

$$P(q_0, q_1, \cdots, q_T) = P(q_0, \cdots, q_{T-1}) P(q_T \mid q_0, \cdots, q_{T-1})$$
$$= P(q_0, \cdots, q_{T-1}) P(q_T \mid q_{T-1})$$

然后反复迭代, 就有

$$P(q_0 = i_0, q_1 = i_1, \cdots, q_T = i_T) = \pi_{i_0} a_{i_0 i_1} \cdots a_{i_{T-1} i_T}$$

另外, 观察值出现的条件概率为

$$P(O \mid Q) = P(o_1, o_2, \cdots, o_T \mid q_1, q_2, \cdots, q_T)$$
$$= P(o_1 \mid q_1, q_2, \cdots, q_T) P(o_2, \cdots, o_T \mid o_1, q_1, q_2, \cdots, q_T)$$
$$= P(o_1 \mid q_1, q_2, \cdots, q_T) P(o_2, \cdots, o_T \mid q_2, \cdots, q_T)$$
$$= b_{q_1}(o_1) P(o_2, \cdots, o_T \mid q_2, \cdots, q_T)$$

所以也反复利用迭代公式, 就有

$$P(o_1, \cdots, o_T \mid q_1 = i_1, \cdots, q_T = i_T) = b_{i_1}(o_1) \cdots b_{i_T}(o_T)$$

综上所述, 为了计算观察值出现的概率, 应对所有可能出现的状态, 同时利用贝叶斯估计得到

$$P(O) = P(O \mid Q) P(Q)$$
$$= \sum_{i_0 \cdots i_T} \pi_{i_0} a_{i_0 i_1} \cdots a_{i_{T-1} i_T} b_{i_1}(o_1) \cdots b_{i_T}(o_T)$$

其中, $i_0, i_1, \cdots, i_T$ 遍历了所有 n 个不同的状态。显然, 这个计算量是 n^T, 属于指数级别, 是很难完成的一件事。为此, 要从一个迭代的公式重新给出计算过程。定义下面的量

$$\alpha_t(i) = p(o_1, o_2, \cdots, o_t, q_t = i)$$

即在观察到 t 个值以后, 同时当时的状态还在 i 状态的概率。根据贝叶斯公式, 有

$$\alpha_t(i) = \sum_{j=1}^{n} P(o_1, \cdots, o_{t-1}, o_t, q_{t-1} = j, q_t = i)$$
$$= \sum_{j=1}^{n} P(o_1, \cdots, o_{t-1}, q_{t-1} = j) P(o_t, q_t = i \mid o_1, \cdots, o_{t-1}, q_{t-1} = j)$$
$$= \sum_{j=1}^{n} \alpha_{t-1}(j) P(o_t \mid q_t = i) P(q_t = i \mid q_{t-1} = j)$$
$$= \sum_{j=1}^{n} \alpha_{t-1}(j) b_i(o_t) a_{ji}$$

最后得到

$$P(O) = \sum_{i=1}^{N} \alpha_T(i)$$

上述算法称为前向算法。前向算法是一种迭代, 对于每个 i, 每次都是从初始边界时有

$$\alpha_1(i) = P(o_1, q_1 = i) = \pi_i b_i(o_1)$$

所以初始值也就有了。从初始值开始, 可以一直前向计算, 直到最后得到观察值出现的概率。这个算法的计算量仅仅是 nT, 而不是 n^T, 所以速度大大加快了, 才使得概率的计算成为可能。除了前向算法以外, 还有后向算法。后向算法与前向算法类似, 其出发点是下面的条件概率

$$\beta_t(i) = P(o_{t+1}, \cdots, o_T \mid q_t = i)$$

即在假定知道 t 处的状态以后, 观察到以后的值的概率是多少。显然, $\alpha_t(i)$ 和 $\beta_t(i)$ 的位置非常对偶。为了计算这个条件概率, 也可以根据贝叶斯公式, 得到

$$\beta_t(i) = \sum_{j=1}^{N} P(o_{t+1}, \cdots, o_T, q_{t+1} = j \mid q_t = i)$$

$$= \sum_{j=1}^{N} P(o_{t+1}, \cdots, o_T \mid q_{t+1} = j, q_t = i) P(q_{t+1} = j \mid q_t = i)$$

$$= \sum_{j=1}^{N} P(o_{t+2}, \cdots, o_T \mid q_{t+1} = j) P(o_{t+1} \mid q_{t+1} = j) P(q_{t+1} = j \mid q_t = i)$$

$$= \sum_{j=1}^{N} \beta_{t+1}(j) a_{ij} b_j(o_{t+1})$$

这样后向递归, 就可以计算出所有的 $\beta_1(i)$。后向算法也要有初始值, 而初始值就是

$$\beta_{T-1}(i) = P(o_T \mid q_{T-1} = i) = \sum_{j=1}^{n} a_{ij} b_j(o_T)$$

最后计算

$$P(o_1, o_2, \cdots, o_T) = \sum_{i=1}^{n} P(o_1, o_2, \cdots, o_T, q_1 = i)$$

$$= \sum_{i=1}^{n} P(q_1 = i) P(o_1, o_2, \cdots, o_T \mid q_1 = i)$$

$$= \sum_{i=1}^{n} \pi_i P\left(o_1 \mid q_1 = i\right) P\left(o_2, \cdots, o_T \mid q_1 = i\right)$$

$$= \sum_{i=1}^{n} \pi_i b_i\left(o_1\right) \beta_1(i)$$

因此，又一次得到了观察值出现的概率，这个算法称为向后算法。向前向后算法可以提供几乎所有我们关心的在隐马尔可夫模型中的概率计算问题。特别是有了 $\alpha_t(i), \beta_t(i)$，可以帮助我们完整计算观察值出现的概率

$$P\left(o_1, \cdots, o_T\right) = \sum_{i=1}^{n} P\left(o_1, \cdots, o_t, q_t = i, o_{t+1}, \cdots, o_T\right)$$

$$= \sum_{i=1}^{n} P\left(o_1, \cdots, o_t, q_t = i\right) P\left(o_{t+1}, \cdots, o_T \mid o_1, \cdots, o_t, q_t = i\right)$$

$$= \sum_{i=1}^{n} P\left(o_1, \cdots, o_t, q_t = i\right) P\left(o_{t+1}, \cdots, o_T \mid q_t = i\right)$$

$$= \sum_{i=1}^{n} \alpha_t(i)\beta_t(i)$$

14.2　第二个问题

现在来看第二个问题，即观察到一系列的值 $o_1, o_2, \cdots, o_T$ 以后，根据这些观察值确定最佳隐含状态的问题。先确定 q_1 的状态，因为有

$$P\left(o_1, q_1 = i\right) = P\left(o_1 \mid q_1 = i\right) \pi_i = b_i\left(o_1\right) \pi_i$$

从而得到

$$q_1 = \operatorname*{argmax}_{i} b_i\left(o_1\right) \pi_i$$

这样就得到了第一个最佳状态。有了第一个最佳状态，再来看第二个最佳状态，为此，需要求解下面的极值问题

$$\operatorname*{argmax}_{i} P\left(o_1, o_2, q_2 = i\right)$$

为了求解最佳 q_2 状态，从理论上并不依赖于刚刚估计出来的 q_1 状态，q_2 的最佳状态可能是从其他 q_1 状态中转移而来的。所以，需要对所有的 q_1 状态进行重新计算。为此，对于固定的 i 来计算

$$\max_{j} P\left(o_1, o_2, q_1 = j, q_2 = i\right) = \max_{j} \pi_j b_j\left(o_1\right) a_{ji} b_i\left(o_2\right)$$

得到这个值以后, 再遍历所有的 i, 得到最大的值就是 q_2 的最佳状态。从上面的推导可以看出

$$\max_j \pi_j b_j\left(o_1\right) a_{ji} b_i\left(o_2\right) \neq \left(\max_j \pi_j b_j\left(o_1\right)\right) a_{ji} b_i\left(o_2\right)$$

显然, 在上式中没有办法把 q_1 的最佳状态单独分离出来。在一般情况下, 观察到 $o_1, o_2, \cdots, o_t$ 以后, 来估计 q_t 的最佳状态。为了计算, 还需要进行递归。对于每个 i, 定义

$$v_t(i) = \max_{q_1, \cdots, q_{t-1}} P\left(q_1, q_2, \cdots, q_{t-1}, o_1, \cdots, o_t, o_t, q_t = i\right)$$

假设已经知道了 $v_t(i)$, 有下面的递归关系

$$v_{t+1}(i) = \max_{q_1, \cdots, q_t} P\left(q_1, q_2, \cdots, q_t, o_1, \cdots, o_t, o_{t+1}, q_{t+1} = i\right)$$

$$= \max_{j, q_1, \cdots, q_{t-1}} P\left(o_1, \cdots, o_t, q_t = j\right) P\left(q_{t+1} = i \mid q_t = j\right) P\left(o_{t+1} \mid q_{t+1} = i\right)$$

$$= \max_j v_t(j) a_{ji} b_i\left(o_{t+1}\right)$$

通过上面的讨论可知, 可以依次把所有的 $v_t(i)$ 计算出来。同时, 还可以取

$$\tilde{q}_{t+1} = \underset{i}{\mathrm{argmax}}\, v_{t+1}(i)$$

这样就得到了这一步的最佳状态。在观察到前面 t 个观察值以后, 根据上面的推导可知当前最佳状态 q_t, 从而知道 $t+1$ 的最可能的观察值, 因为

$$P\left(o_{t+1}\right) = \sum_{i=1}^n a_{q_t i} b_i\left(o_{t+1}\right)$$

由此, 在遍历所有的观察值以后, 可以得到最可能的观察值。通过解答第二个问题, 就完成了从前面的观察值到预测后一个观察的过程。

14.3 第三个问题

最后来研究最困难的极大似然估计问题, 即在转移矩阵 $\boldsymbol{A}$、观察值矩阵 $\boldsymbol{B}$ 和初始向量 $\boldsymbol{\pi}$ 都没有给出的情况下, 计算最优参数。由前面所述可知, 最优估计所有的 $a_{ij}, \pi_i, b_i\left(o_t\right)$ 都需要计算下面的概率

$$(a, b, \pi) = \underset{a, b, \pi}{\mathrm{argmax}} \sum_{i_0 \cdots i_T} \pi_{i_0} a_{i_0 i_1} \cdots a_{i_{T-1} i_T} b_{i_1}\left(o_1\right) \cdots b_{i_T}\left(o_T\right)$$

但是这个概率的计算非常困难, 计算量也非常大, 因此可以使用 EM 算法。首先来看几个重要的概率计算。其想法是基于给定参数以后, 根据观察值, 逐步迭代

计算出新的参数, 以期参数收敛, 得到最优参数。例如, 给出所有的 $\pi_i, a_{ij}, b_i\left(o_t\right)$ 以后, 可以计算一系列的概率。首先迭代计算出 $\alpha_t(i), \beta_t(i)$, 其次, 给出观察值 O 以后, 对于任何一个 t, 都有

$$
\begin{aligned}
P(O) &= \sum_i P\left(o_1, \cdots, o_T, q_t = i\right) \\
&= \sum_i P\left(o_1, \cdots, o_t, q_t = i\right) P\left(o_{t+1}, \cdots, o_T \mid q_t = i\right) \\
&= \sum_i \alpha_t(i)\beta_t(i)
\end{aligned}
$$

在给出观察值以后, 需要计算相关的条件概率, 进而使用这些条件概率重新估计参数。计算下面的概率

$$
\begin{aligned}
&P\left(q_t = i, q_{t+1} = j, O\right) \\
=&P\left(o_1, \cdots, o_t, q_t = i\right) P\left(q_{t+1} = j, o_{t+1}, \cdots, o_T \mid o_1, \cdots, o_t, q_t = i\right) \\
=&\alpha_t(i)a_{ij} P\left(o_{t+1} \mid q_{t+1} = j\right) P\left(o_{t+2}, \cdots, o_T \mid q_{t+1} = j\right) \\
=&\alpha_t(i)a_{ij}b_j\left(o_{t+1}\right) \beta_{t+1}(j)
\end{aligned}
$$

可以计算条件概率

$$
\xi_{ij}(t) = P\left(q_t = i, q_{t+1} = j \mid O\right) = \frac{\alpha_t(i)a_{ij}b_j\left(o_{t+1}\right) \beta_{t+1}(j)}{p(O)}
$$

与此同时, 也就可以计算

$$
\gamma_i(t) = P\left(q_t = i \mid O\right) = \sum_{j=1}^n \xi_{ij}(t)
$$

这些都还是精确的计算。当观察到这些值时, 可以近似估计出转移矩阵

$$
\tilde{a}_{ij} = \frac{\displaystyle\sum_{t=1}^{T-1} \xi_{ij}(t)}{\displaystyle\sum_{t=1}^{T-1} \sum_{j=1}^n \xi_{ij}(t)} = \frac{\displaystyle\sum_{t=1}^{T-1} \xi_{ij}(t)}{\displaystyle\sum_{t=1}^T \gamma_i(t)}
$$

按照同样道理估计 $b_i\left(o_t\right)$。观察值的矩阵也可以使用类似的办法来估计, 即

$$
\tilde{b}_i\left(v_k\right) = \frac{\displaystyle\sum_{t=1, o_t=v_k}^{T} \gamma_i(t)}{\displaystyle\sum_{t=1}^T \gamma_i(t)}
$$

最后注意到 $\pi_i = \gamma_i(1)$，这样所有参数都估计完毕。再次利用这些参数可以重新计算上面的各个数值，可以得到 $\tilde{a}_{ij}, \tilde{b}_i, \tilde{\pi}_i$，以此类推。

14.4　连续型隐马尔可夫模型

在前面的讨论中，因为观察值是离散的，应用还是受到了一定的限制。现在来讨论连续观察值的情况。仍然假设隐含的状态是 $1, 2, \cdots, n$，状态过程的转换还是马尔可夫过程，但是从隐含状态到观察值，服从一个连续分布的随机变量，例如使用高斯分布。先看简单的情况，即每个状态都对应着一个固定的高斯分布。这样，n 个状态就对应着 n 个高斯分布 $f_1, \cdots, f_n$。每个高斯分布都具有密度函数

$$f_i(x) = \frac{1}{\sqrt{2\pi}\sigma_i} \mathrm{e}^{-\frac{(x-\mu_i)^2}{2\sigma_i^2}}$$

但是对于连续分布，不能讨论概率，而只能讨论密度。我们面临的问题还是上面讨论过的三个问题：从参数来计算观察值的密度；从参数和观察值来估计当前状态；从观察值来估计参数。下面分别进行讨论。

首先是从参数来估计观察值出现的密度函数。给出观察值 $O = (x_1, x_2, \cdots, x_T)$，其密度函数应为

$$p(O) = \sum_{i_0 \cdots i_T} \pi_{i_0} a_{i_0 i_1} \cdots a_{i_{T-1} i_T} f_{i_1}(x_1) \cdots f_{i_T}(x_T)$$

同样，这个计算量是 n^T，所以是不可能完成的。还是可以使用迭代方法，为此定义

$$\alpha_t(i) = p(x_1, \cdots, x_t, q_t = i), \quad \beta_t(i) = p(x_{t+1}, \cdots, x_T \mid q_t = i)$$

这样，密度函数

$$p(x_1, \cdots, x_n) = \sum_{i=1}^{n} \alpha_t(i)\beta_t(i)$$

对于任意的 t 都成立。当然，对于 $\alpha_t(i)$ 有前向递推

$$\alpha_t(i) = \sum_{j=1}^{n} \alpha_{t-1}(j) a_{ji} f_i(x_t)$$

而对于 $\beta_t(i)$ 有后向递推

$$\beta_t(i) = \sum_{j=1}^{n} \beta_{t+1}(j) a_{ij} f_j(x_{t+1})$$

这些递推公式就完成了从参数到观察值密度的计算。

下面来分析第二个问题，即根据观察值，确定当前最可能的状态问题。为此定义

$$v_t(i) = \max_{q_1,\cdots,q_{t-1}} p\left(q_1, q_2, \cdots, q_{t-1}, x_1, \cdots, x_t, x_t, q_t = i\right)$$

假设已经知道了 $v_t(i)$, 则有下面的递归关系

$$v_{t+1}(i) = \max_{q_1,\cdots,q_t} p\left(q_1, q_2, \cdots, q_t, x_1, \cdots, x_t, x_{t+1}, q_{t+1} = i\right)$$

$$= \max_{j,q_1,\cdots,q_{t-1}} x\left(x_1, \cdots, x_t, q_t = j\right) P\left(q_{t+1} = i \mid q_t = j\right) p\left(x_{t+1} \mid q_{t+1} = i\right)$$

$$= \max_j v_t(j) a_{ji} f_i\left(x_{t+1}\right)$$

可以依次把所有的 $v_t(i)$ 计算出来。同时, 还可以取

$$\tilde{q}_{t+1} = \operatorname*{argmax}_i v_{t+1}(i)$$

这样就得到了这一步的最佳状态。

下面来看第三个问题, 即从观察值来估计所有的参数。如果写成极大似然估计问题，就成为对下式

$$(a, \sigma, \mu, \pi) = \operatorname*{argmax}_{a,\sigma,\mu,\pi} \sum_{i_0\cdots i_T} \pi_{i_0} a_{i_0 i_1} \cdots a_{i_{T-1} i_T} f_{i_1}\left(x_1\right) \cdots f_{i_T}\left(x_T\right)$$

的优化问题, 但是因为计算量很大, 这样的方法无法完成。可以采用 EM 迭代算法。为了给连续变量的隐马尔可夫模型进行参数估计, 先给出一组初始参数, 分别是初始状态分布 π_i、转移矩阵 a_{ij}, 以及每个高斯分布中的均值和方差 μ_j, σ_j。在这组参数下, 计算基于观察值的条件概率。还是定义

$$\xi_{ij}(t) = P\left(q_t = i, q_{t+1} = j \mid O\right) = \frac{\alpha_t(i) a_{ij} f_j\left(x_{t+1}\right) \beta_{t+1}(j)}{p(O)}$$

与此同时, 也就可以计算

$$\gamma_i(t) = P\left(q_t = i \mid O\right) = \sum_{j=1}^{n} \xi_{ij}(t)$$

从而进行第一次迭代估计

$$a_{ij} = \frac{\displaystyle\sum_{t=1}^{T-1} \xi_{ij}(t)}{\displaystyle\sum_{t=1}^{T} \gamma_i(t)}$$

为了估计第 i 个高斯分布中的参数, 给定观察值以后, 其状态概率为

$$\gamma_i(t) = P\left(q_t = i \mid O\right) = \frac{\alpha_t(i)\beta_t(i)}{\displaystyle\sum_{i=1}^{n} \alpha_t(i)\beta_t(i)}$$

同样更新初始状态

$$\pi_i = \gamma_i(1)$$

考虑到 x_t 是抽样, 所以可以得到第 i 个高斯分布的均值

$$\mu_i = \frac{\displaystyle\sum_{t=1}^{T} \gamma_i(t)x_t}{\displaystyle\sum_{t=1}^{T} \gamma_i(t)}$$

其高斯分布的方差为

$$\sigma_i^2 = \frac{\displaystyle\sum_{t=1}^{T} \gamma_i(t)\left(x_t - \mu_i\right)^2}{\displaystyle\sum_{t=1}^{T} \gamma_i(t)}$$

至此, 完成了所有新一轮的参数估计。从新一轮的参数估计, 可以继续迭代更新一轮参数, 以期最后达到收敛状态。具有连续变量的高斯分布不仅可以处理一维的情况, 还可以处理高维的情况。在高维情况下, 每个观察值都是高维的联合分布。联合分布其均值是一个向量, 仅仅一个协方差也不够, 还需要整个协方差矩阵, 参数估计过程同以上步骤。

习　　题

(1) 实现前向算法和后向算法, 用于计算下面的问题。给定 K 个盒子, 并且设定一个马尔可夫转移矩阵, 每个盒子里面有三种颜色的球。每个盒子中球的比例也已给定。在初始分布也给定的情况下, 随意给出一个 n 个取球颜色的序列, 计算其出现的概率。

(2) 使用蒙特卡罗模拟的办法生成下面的点集。给定 K 个二维高斯分布, 并且分别设定高斯分布的均值和协方差矩阵。假定这些分布的选取满足马尔可夫过程, 并设定这个转移矩阵。现在从一个给定的概率分布中选取一个高斯分布, 从这个高斯分布中生成一个点。此后, 以马尔可夫转移矩阵来继续选取高斯分布, 每

次都是从高斯分布中抽样取点。把这些点画在二维平面上，然后使用 EM 算法来进行非监督分类。

(3) 假定市场有三种状态，分别是涨、跌和振荡。每个状态中分别选取一个一维高斯分布，用于模拟每天的市场指数涨跌幅。这三个高斯分布具有不同的均值和方差。在假定了转移矩阵、初始状态分布参数以后，生成涨跌幅序列，画出价格模拟图。

(4) 在第 (1) 题的基础上，根据给定的取球的序列，利用 HMM 的软件包来求解：马尔可夫转移矩阵；初始分布；每个盒子中各种颜色球的比例，并进行比较。

(5) 在第 (2) 题的基础上，从生成的点出发，使用 HMM 软件包来求解：马尔可夫转移矩阵；初始分布；每个状态下高斯分布的均值和方差，并和原来的参数进行比较。

第 15 章　强 化 学 习

前面所有章节总结的都是监督式学习和非监督式学习的主要算法。本章将层层递进地来讲述强化学习的方法。

首先，从描述系统所处的状态开始，状态之间的转移遵从一个马尔可夫过程。其次，伴随着每个状态，都有一组可以选择的控制系统，随着当前的状态和选择的控制，可以导致接下来某个状态的发生。同时，也伴随着控制的选择，一些奖励或者惩罚可以被量化出来。强化学习的目标就是确定这些控制，使得在状态转移过程中产生的奖励最大或者惩罚最小。

为此，首先叙述马尔可夫价值系统，从而引出马尔可夫决策系统，最后介绍本章的核心 ——强化学习的时序差分算法。

15.1　马尔可夫价值系统

在一个适当的概率空间中，考虑一组离散状态 A。这些状态表示为 $A = \{a_1, a_2, \cdots, a_n\}$。根据马尔可夫过程的一般记号，可以定义状态之间的转移概率为

$$P\left(x_{i_k} \mid x_{i_1}, x_{i_2}, \cdots, x_{i_{k-1}}\right) = P\left(x_{ik} \mid x_{i_{k-1}}\right)$$

描述一个马尔可夫过程也可以使用转移概率构成的转移矩阵。可以定义

$$\boldsymbol{P} = \begin{pmatrix} p_{11} & \cdots & p_{1n} \\ \vdots & \ddots & \vdots \\ p_{n1} & \cdots & p_{nn} \end{pmatrix}$$

其中，$p_{ij} = P\left(x_j \mid x_i\right)$。假定这个过程有些状态是封闭状态，这些封闭状态构成的集合为 S'，并且每个封闭状态都赋予一个价值函数 $V : S' \to R$。如果目前已经处于封闭的状态，其价值函数就已知。如果目前还不是封闭状态，该如何确定当前的价值函数，如何确定当前的价值呢？考虑这个问题的关键点是，从当前状态出发，不断转移，在未来转移到封闭并且获得封闭状态价值函数的期望就应该是赋予当前状态的价值。其等价的问题就是

$$v(x) = E v\left(x_\tau\right)$$

其中，τ 是第一次碰到封闭状态的时间，$v\left(x_\tau\right)$ 是相应的封闭状态价值。下面从线性代数的角度来求解这个问题。首先，把封闭状态的函数定义扩展到整体的状态

空间 $V : S \to R$，使其满足对于任何非封闭状态 x_i，有

$$v_i = v(x_i) = \sum_{j=1}^{n} p_{ij} v_j$$

而如果 x_i 已经是封闭状态, 那么 v_i 的值就是给定的值。满足这个方程的函数值应该就是所求的值。为了叙述方便, 重新修订矩阵 $\boldsymbol{P}$, 把其封闭状态的一行全部修正为零, 这样, 上述方程可以写为

$$v_i = \sum_{j} p_{ij} v_j + r_i$$

这里的 x_i 都不是封闭状态, 而且 r_i 是从 x_i 下一步转移到封闭状态的函数值的概率加权期望。由此，可以有新的矩阵表达方法

$$(\boldsymbol{I} - \boldsymbol{P})v = r$$

此时，$\boldsymbol{I} - \boldsymbol{P}$ 就是一个可逆矩阵。进一步, 如果考虑到从当前的状态转移到封闭状态的路径长度, 可以考虑折现, 为此引入折现因子 $0 < \lambda < 1$，方程可以写为

$$(\boldsymbol{I} - \lambda\boldsymbol{P})v = r$$

这个方程的解是 $v = (\boldsymbol{I} - \lambda\boldsymbol{P})^{-1}r$，或者写为无穷展开

$$v = r + \lambda Pr + \lambda^2 P^2 r + \cdots$$

数值求解这个线性方程, 还可以考虑迭代方法, 为此给出初始值 v_0 则有

$$v_{n+1} = r + \lambda P v_n$$

由 Banach Fixed Point 定理可知, v_n 会收敛到向量 $\boldsymbol{v}$。

15.2 马尔可夫价值蒙特卡罗数值解

上述问题的数值解法虽然在理论上可行, 但在状态很多时, 占据存储空间, 且运算量较大, 从而可以考虑其他数值解法。蒙特卡罗就是其中一个办法。假如已经有了一个在每个状态上定义的函数 v, 在封闭状态上的取值就是给定的价值, 但是在非封闭状态上的函数值未必满足方程

$$(\boldsymbol{I} - \lambda\boldsymbol{P})v = r$$

怎么才能利用蒙特卡罗方法来更新函数值函数呢？为此, 可以考虑从任何一个状态 x_i 出发, 根据转移概率生成一个转移到状态 x_j, 所以产生了新的价值 $r_i + \lambda v(x_j)$, 更新当前的函数值为

$$v\left(x_i\right) = (1-\alpha)v\left(x_i\right) + \alpha(r_i + \lambda v\left(x_j\right))$$
$$= v\left(x_i\right) + \alpha\left(r_i + \lambda v\left(x_j\right) - v\left(x_i\right)\right)$$

这里的 $0 < \alpha < 1$，类似于求指数移动平均。如果 α 偏小，应注重当前的价值；如果 α 偏大，应注重更新的值。无论 α 大小，影响的都是收敛速度，一般并不影响收敛本质。上述更新算法可以有各种实现的办法。例如，按照存储的所有状态进行遍历，在封闭状态时不用更新。完整更新一遍以后得到的价值函数 v 作为初始值，重新循环一遍再次遍历状态更新。

第二种办法是从每个状态开始，利用蒙特卡罗生成完整的路径，直到到达一个封闭状态为止。这样就生成了一个路径，假定这个路径是

$$x_1, x_2, \cdots, x_N$$

最后的状态 x_N 是一个封闭状态。从 x_{N-1} 开始更新，直到最初的状态 x_1 完成完整的更新。针对每个状态都生成这样的路径，从而完成所有的状态更新。

第三种办法是在到达每个状态 x_i 以后，把

$$\delta\left(x_i\right) = r\left(x_i\right) + \lambda v\left(x_i\right) - v\left(x_i\right)$$

更新到当前 $v\left(x_i\right) = v\left(x_i\right) + \alpha\delta\left(x_i\right)$ 以后，把同样的 $\delta\left(x_i\right)$ 也更新到所有其他状态

$$v\left(x_k\right) = v\left(x_k\right) + \alpha\delta\left(X_i\right)$$

每个方法各自有优劣。

15.3 马尔可夫决策系统

在马尔可夫价值系统的基础上，可以定义马尔可夫决策系统。马尔可夫决策系统的框架不仅有状态空间 S，还有控制选择空间 A。针对每个配对 $s \in S, a \in A$，都对应两个变量，可以是随机的变量，也可以是确定的变量。一个是奖励 (或者称为惩罚) $R(x,a)$，一个是转移概率向量 $\boldsymbol{p}(x,a,x')$，表示转移到下一个状态 x' 的概率。从中可以看到，转移矩阵目前不是直接由当前状态决定，而是由当前状态和选取的控制一起决定。至于奖励函数 $R(x,a\Psi)$，可以是确定的函数，也可以是一个随机变量，如果是随机变量，通常也用 $r(x,a) = E(R(x,a))$ 表示期望。从状态到控制的映射构成一个策略 (Policy)。无论哪种策略都可以使用 $\pi(a \mid x)$ 来表示（在下式也经常使用 $\pi(x)$ 来表示）。这个策略的生成才完成了马尔可夫决策系统的关键，从而从一个状态 x_i 转移到下一个状态 x_j 成为可能，显然

$$P\left(x_j \mid x_i\right) = \sum_{a \in A} \pi\left(a \mid x_i\right) \boldsymbol{p}\left(x_i, a, x_j\right)$$

给定了一个策略以后, 就成为一个马尔可夫价值系统。自然可以考虑这个价值系统的值函数。给定折现因子 λ, 我们把依赖于策略 π 的值函数记为 v^π。这个值函数应该满足下面的方程

$$v^\pi\left(x_i\right) = r\left(x_i, \pi\left(x_i\right)\right) + \lambda \sum_{x'} p\left(x_i, \pi\left(x_i\right), x'\right) v^\pi\left(x'\right)$$

一旦给定策略, 问题就转化为马尔可夫价值系统, 所以上一节的数值计算方法也就顺理成章可以使用了。为了计算策略函数, 可以直接使用求解上述线性方程组的方法, 也可以使用算子迭代方法。定义在一个值函数 v 上的算子为

$$(Lv) = r + \lambda P v$$

在迭代多次以后可以保证收敛。最后还可以使用蒙特卡罗模拟方法。在蒙特卡罗模拟办法下, 根据确定以后的策略 π, 针对每个状态生成完整的路径

$$x_1, \pi\left(x_1\right), r_1, x_2, \pi\left(x_2\right), r_2, \cdots, r_N$$

从最后状态往前更新每个状态价值

$$v\left(x_i\right) = v\left(x_i\right) + \alpha\left(r\left(x_i, \pi\left(x_i\right)\right) + \lambda v\left(x_j\right) - v\left(x_i\right)\right)$$

从而完成当前状态价值的更新。循环更新多次, 直到收敛为止。在马尔可夫决策系统下, 不仅可以考虑价值函数, 还可以考虑控制值函数。所谓控制值函数, 是指在一个确定的策略下, 每个状态和当前策略下的任意一个可行的控制产生的一个函数, 即

$$Q(x, a) = r(x, a) + \lambda \sum_{x'} p\left(x, a, x'\right) v^\pi\left(x'\right)$$

显然, 这个控制值函数在控制 $a = \pi(x)$ 时就有 $v^\pi(x) = Q(x, \pi(x))$ 成立。上面的表达式可以进一步展开成为

$$Q(x, a) = r(x, a) + \lambda \sum_{x'} p\left(x, a, x'\right) Q^\pi\left(x', \pi\left(x'\right)\right)$$

马尔可夫决策系统下控制函数的计算比状态值函数的计算更为有用, 因为它包含的信息更多, 所以更为自然。计算控制函数需要的存储空间更多。一方面可以利用上述的线性方程组, 另一方面可以采用定义算子的办法迭代计算。

15.4　马尔可夫决策系统最优策略

马尔可夫决策系统不同于单纯价值系统之处在于其可以定义最优控制。最优控制 π^* 对于任意一个策略 π 和所有的状态都有不等式

$$v^{\pi^*}(x) \geqslant v^{\pi}(x)$$

成立。

寻找最优策略成为马尔可夫决策系统的重要问题。为此, 首先来探索决策系统的最优策略应该满足什么方程。对于任何一个状态 x, 下面等式

$$v^{\pi^*}(x) = \max_{a \in A} \left(r(x, a) + \lambda \sum_{x'} p(x, a, x') v^{\pi^*}(x') \right)$$

就是对应的方程, 通常也称为 Bellmen 方程。这个方程确立的是一个全局最优等同于所有的局部最优。同样, 对于控制函数, 也对应有

$$Q^{\pi^*}(x, a) = r(x, a) + \lambda \sum_{x'} p(x, a, x') \max_{a' \in A} Q^{\pi^*}(x', a')$$

无论上面哪个方程, 都不是线性方程, 而是非线性方程。原则上, 这些非线性方程的解存在唯一性。求解最优策略的方法构成强化学习的主要目标。总结以前的办法, 可以得出最直观的方法。首先给出任意一个策略 π, 根据这个策略迭代收敛产生策略值函数 v^{π}。一旦有策略值函数, 根据下面的方法更新策略

$$\pi'(x) = \underset{a \in A}{\mathrm{argmax}} \, r(x, a) + \lambda \sum_{x'} p(x, a, x') v^{\pi}(x')$$

$$= \underset{a \in A}{\mathrm{argmax}} \, Q^{\pi}(x, a)$$

实现完全更新以后就得到 π', 但是还没有新的值函数, 因为如果盲目地更新

$$v^{\pi'}(x) = \max_{a \in A} r(x, a) + \lambda \sum_{x'} p(x, a, x') v^{\pi}(x')$$

不能保证这个函数就是一个值函数。所以, 只能更新策略 π' 以后再重新迭代更新值函数 $v^{\pi'}$。完成值函数更新以后再次更新策略, 周而复始。

从蒙特卡罗的角度, 也可以完成类似的更新。首先给定初始策略 p_{i_0} 和任意的初始值函数 v^{π_0}, 从任意一个状态生成一个路径, 根据路径, 按照马尔可夫系统的方法来更新每个状态的值, 重复多次, 得到收敛的值函数 v^{π_0}。得到收敛的值函数以后, 更新策略得到新的策略 π_1, 周而复始。

15.5 时序差分方法

按照值函数的原本定义, 它是未来可能的所有奖励折现值总和的期望。在不容易得到转移矩阵或者不知道转移矩阵时, 只能借助于和环境的交互来得到新状态的转移, 从而蒙特卡罗方法在实际应用中可能就是唯一的方法。但是在蒙特卡

罗方法下, 未来计算 $V^\pi(s)$ 时需要计算大量的未来奖励折现总和, 计算效率很低。而时序差分方法可以较好地解决这个问题。在时序差分方法中, 仅需要计算从 s 辅以控制 a 转移到新的状态 s' 下。这样一步的蒙特卡罗方法提供了一个增量

$$\delta = r(x',a) + \lambda v^\pi(x) - v^\pi(x)$$

这个增量可以用来更新当前的值

$$v(x) = v(x) + \alpha\delta$$

其中, $0 < \alpha < 1$ 是一个常数, 也可以是一个随着更新步伐改变的量。这个想法还可以使用到控制值函数上, 即在 (s,a) 这个控制对, 模拟到下一个控制对 (s',a'), 可以得到增量

$$\delta = r(x,a) + \lambda Q^\pi(x',a') - Q^\pi(x,a)$$

这个增量可以用来更新当前的值

$$Q(x,a) = Q(x,a) + \alpha\delta$$

时序差分方法提供了一个快速的迭代方法, 较为充分地利用了模拟路径的所有信息, 避免了原始方法对数据的浪费。到目前为止, 强化学习的一个大体框架基本成形。强化学习的抽象框架是马尔可夫决策系统。强化学习的目标是学习最优策略。因为没有转移矩阵, 所以数据解决的办法是通过蒙特卡罗模拟得以和环境进行交互, 从而在当前状态叠加一个控制以后可以转移到新的状态。通过蒙特卡罗模拟路径, 可以完成从任何一个策略进行迭代, 得到收敛的值函数, 再从这个值函数进行策略更新, 得到更为优质的策略, 从而循环往复。

$$\pi_0 \to \pi_1 \to \cdots \to \pi_n \to \cdots$$

完成上述过程, 就是策略评估、策略更新的过程, 以期得到最终的最优策略。在这个过程中, 还有几个细节需要说明。在蒙特卡罗模拟中, 初始的策略可能是概率策略, 即对应每个状态 s, 若干控制 $a \in A$ 都以一定的概率 $\pi(a \mid s)$ 被选取到。但是一旦更新以后, 新策略下对应状态的控制就仅剩下唯一的选择了。但是这样就极有可能陷在一个局部最优的策略上, 从而不可能再更新了。为此, 在蒙特卡罗模拟这个环节需要采取所谓的 ϵ 贪心策略。其含义是虽然有当前的策略, 但总是留有一个 ϵ 的可能性给非策略指定的控制进行模拟。策略更新环节指的是下面的过程, 对于任何一个状态 s, 定义一个新的策略为

$$\pi'(s) = \underset{a}{\mathrm{argmax}}\, Q^\pi(x,a)$$

这是遵循完全的贪心算法得到的。可以看到, 更新以后的策略一定优于更新以前的策略。最后, 在策略评估时可以使用时序差分方法。如果把策略评估和策略更

新结合在一起, 可以简化上述步骤。上述步骤的策略评估阶段需要多次模拟完成迭代收敛, 从而得到策略下的值函数。但是如果迭代一次就更新策略, 效率可能是更高的。从而得到所谓的 SARSA 算法。进一步, 如果在策略更新中直接用

$$\delta = r(x, a) + \lambda \max_{a'} Q(x', a') - Q(x, a)$$

来计算增量, 那么就称为 Q-Learning。

15.6　资格迹

从以上的算法叙述中已经看到了两个极端, 一个是完整的蒙特卡罗方法, 从当前状态计算到轨迹结束的状态上所有的奖励折现总值; 另一个是时序差分方法, 仅模拟一步就得到更新值。如果不走这两个极端, 也可以考虑从当前状态分为两步, 从状态 s_0, a_0, r_0 到 s_1, a_1, r_1, 再到 s_2, a_2。如此得到增量为

从而当前更新的迭代为

$$Q(s_0, a_0) = Q(s_0, a_0) + \alpha\delta$$

如果考虑更长的步长呢, 比如考虑

$$s_0, a_0, r_0, s_1, a_1, r_1, \cdots, s_k, a_k, r_k, s_{k+1}, a_{k+1}$$

这时可以考虑增量为

$$\delta = r_0 + \gamma r_1 + \gamma^2 r_2 + \cdots + \gamma^k r_k + Q(s_{k+1}, a_{k+1}) - Q(s_0, a_0)$$

从而进行迭代, 将数值更新为

$$Q(s_0, a_0) = Q(s_0, a_0) + \alpha\delta$$

相当于在时序差分方法和完整的蒙特卡罗方法之间得到了一个插值。在大数定律的理论下, 所有的方法都收敛, 但是收敛有快慢。从控制方差的角度上考虑, 取时序差分方法和完整的蒙特卡罗方法得到的均值更为可取, 进而, 如果把所有中间步骤的增量也平均, 似乎更为可取。这个想法就引出了所谓的资格迹。把上述方法实行起来对应了两种概念, 第一个概念是前向方法, 第二个概念是后向方法。前向方法想法自然, 后向方法实施简便。在记号上, 往前走 k 步得到的增量记为

$$G_k = r_0 + \gamma r_1 + \gamma^2 r_2 + \cdots + \gamma^k r_k + Q(s_{k+1}, a_{k+1}) - Q(s_0, a_0)$$

所以, 时序差分方法对应的更新就是 G_0; 而如果轨道很长, 那么完整的蒙特卡罗方法对应的更新就是 G_∞。如果把所有的更新都平均起来, 则有

$$G = (1 - \lambda)(G_0 + \lambda G_1 + \lambda^2 G_2 + \cdots)$$

其中引入一个新的参数 $0 < \lambda < 1$，用来表示平均, 而且越是最近的增量赋予的权重也越大。这样的更新方法就是前向算法。

将上述计算变形一下，有

$$G_0 = r_0 + \gamma V(s_1) - V(s_0)$$
$$G_1 = r_0 + \gamma V(s_1) - V(s_0) + \gamma (r_1 + \gamma V(s_2) - V(s_1))$$
$$G_2 = r_0 + \gamma V(s_1) - V(s_0) + \gamma \left(r_1 + \gamma V(s_2) - V(s_1) + \gamma^2 \left(r_2 + \gamma V(s_3) - V(s_2)\right)\right)$$
$$\vdots$$
$$G_k = r_0 + \gamma V(s_1) - V(s_0) + \cdots + \gamma^k (r_k + V(s_{k+1}) - V(s_0))$$

可以看到，每个用更长步长得到的增量可以用每个时序差分得到的增量进行加权平均得到, 用 $\delta_i = \gamma^i (r_i + \gamma V(s_{i+1}) - V(s_i))$ 来代表每个小的时序差分增量, 从而得到更简单的表示方法

$$G_0 = \delta_0$$
$$G_1 = \delta_0 + \gamma \delta_1$$
$$G_2 = \delta_0 + \gamma \delta_1 + \gamma^2 \delta_2$$
$$\vdots$$
$$G_k = \delta_0 + \gamma \delta_1 + \gamma^2 \delta_2 + \cdots + \gamma^k \delta_k$$

如果把上述增量再使用 λ 加权更新以后, 就得到

$$G = \delta_0 + \lambda \gamma \delta_1 + \lambda^2 \gamma^2 \delta_2 + \cdots$$

所以，一个更为有效的更新方式就是沿着轨迹不断向前, 但是每个得到的时序增量更新, 不仅更新当前, 也更新更以前的数据。而实现的方式则是引入资格迹的概念。初始每个状态的资格迹定义为 $E(s, a) = 0$, 然后每次更新时当前被模拟到的状态 $E(s, a) = \lambda \gamma E(s, a) + 1$, 而所有没有被模拟到的状态仅做衰退的更新 $E(s', a') = \gamma \lambda E(s', a')$。当更新完资格迹以后, 当前的时序差分也被其他状态更新为

$$Q(s', a') = Q(s', a') + E(s', a') G$$

这个后向算法的实施更为有效。

15.7　值函数逼近方法

前面述叙的方法虽然丰富并且有效, 但还是要基于两个重要假设：其一, 是所有的状态空间有限；其二, 是采取的控制有限。但是在更多的应用下, 状态空间或

者是无限或者是接近于无限, 从而前述框架必须从两个方面进行扩展。第二, 为了描述无限的状态空间, 首先使用连续参数刻画状态。为此, 对应每个状态 s 都有 $x(s) \in \mathbb{R}^k$ 来表示, 相当于每个状态都有 k 个特征。某个策略下的值函数 $V(s)$ 对应于 $V : \mathbb{R}^k \to R$ 函数, 所以值函数的逼近成为监督式学习中刻画函数 V 的问题。如果可以不断和环境交互, 就能够从任何一个状态点 s 出发得到未来很多的状态以及在转移过程中产生的奖励。折现所有的奖励就得到当前的值函数。所以从理论上说, 有了每个状态的理论值函数的数值, 就可以使用监督式学习的方法来学习函数 V 的表达形式。函数 V 的表达形式必须限制在一个假设空间上才能成为可能。这个假设集合还不能过大。比较简单的假设空间就是线性函数。如果假设

$$V(x) = \boldsymbol{w}^{\mathrm{T}} x = w_1 x_1 + \cdots + w_k x_k$$

问题就转换为确定所有的系数 $\boldsymbol{w}$。完全相应于线性回归中的损失函数, 在给定的状态 s 下, 应考虑

$$l(x) = \left| V(x(s)) - \boldsymbol{w}^{\mathrm{T}} x(s) \right|^2$$

从梯度下降方法来看, 当对 $\boldsymbol{w}$ 求导时, 有

$$\nabla_{\boldsymbol{w}} l(x) = -\left(V(x(s)) - \boldsymbol{w}^{\mathrm{T}} x(s) \right) x(s)$$

使用下面的方法来不断迭代 $\boldsymbol{w}$

$$\nabla \boldsymbol{w} = \left(V(x(s)) - \boldsymbol{w}^{\mathrm{T}} x(s) \right) x(s)$$

但是在应用中, 并不知道 $V(x(s))$ 的真实价值, 强化学习的整个目标也就是在寻求这个值函数的真实价值。事实上, 无论是完整的蒙特卡罗方法还是一步的时序差分方法, 或者是基于资格迹的 $TD(\lambda)$ 方法, 都是为了不断估计值函数 $V(x(s))$, 从而算法就可以看成一边不断更新值函数, 一边更新值函数中的参数 $\boldsymbol{w}$。例如, $TD(0)$ 方法, 从当前的状态 s 转移到状态 s' 时, 应使用

$$\nabla \boldsymbol{w} = (r + \gamma \boldsymbol{w}^{\mathrm{T}} x(s') - \boldsymbol{w}^{\mathrm{T}} x(s)) x(s)$$

更一般的 $TD(\lambda)$ 也完全可以类似更新。在上述过程中, 不仅可以使用线性函数的假设空间, 还可以使用其他的假设空间, 如神经网络。在使用神经网络作为值函数的逼近时, 需要做的是每次从现在的状态 s 调取神经网络计算 $V(x(s))$, 然后从转移到的新状态 s' 再计算神经网络 $V(x(s'))$, 使用增量

$$\alpha \left(r + \gamma V(x(s')) - V(x(s)) \right) + V(x(s))$$

作为当前的函数更新值, 训练神经网络一次, 得到对于神经网络参数的更新。

现在来看控制空间 A 是无限的情况。控制集合无限或者控制集合接近无限时,自然应该考虑参数化描述控制集合。为此,描述的对象成为 $\pi(y(a) \mid x(s))$。原先在有限控制下使用概率描述的方法就变成使用密度来描述。例如,正态分布的密度函数,如果控制变量 $y(a)$ 满足以下分布

$$p(y) = \frac{1}{\sqrt{2\pi}} \sigma e^{-\frac{(y-\mu)^2}{2\sigma^2}}$$

其中,μ 和 σ 都应该依赖于状态参数 $x(s)$。一旦密度函数得以确立,寻求最佳策略就变成寻求最佳策略函数。不同策略函数体现在密度函数中应该具有单独的变量,为此使用 $\pi(y(a) \mid x(s), \theta)$ 来刻画这个变量。这个变量可以是一维,也可以是高维,那么优化策略等同为优化参数 θ_0。在优化问题中,目标函数需要确定,从而可以使用 $J(\theta)$ 来表示待优化的函数,另外,在优化目标函数极小值时使用梯度下降法,而优化目标函数极大值时应该使用梯度上升法。梯度上升法如下:

$$\nabla \theta = \nabla J(\theta)$$

一个自然选择就是让 $J(\theta)$ 成为当时 $V(s)$ 即函数值。

习　题

(1) 在区间 $[0, 100]$ 上的整数点上定义随机游走,封闭状态为 $0, 100$ 两个点。分别在这两个点定义价值为 $-1, 1$,从初始的零向量值函数出发,使用矩阵迭代方法和蒙特卡罗迭代方法分别给区间每个整点赋值,计算值函数,并比较计算效率。

(2) 设计一个 10×10 的正方形,每个格点代表每个状态,定义随机游走,其中任何内点都可以 $1/4$ 概率向上、下、左、右移动,在边界处的点只能移动到其余三个相邻的格点,而在角落的格点只能向两个格点移动。在其中随意找两个点作为封闭状态,定义值为 $1, -1$,从初始的零向量值函数出发,分别使用矩阵迭代方法和蒙特卡罗迭代方法给区间每个整点赋值,并比较计算效率。

(3) 设计一个 10×10 的正方形,每个格点代表每个状态,定义随机游走,其中任何内点都可以 $1/4$ 概率向上、下、左、右移动,在边界处的点只能移动到其余三个相邻的格点,而在角落的格点只能向两个格点移动。在其中随意找两个点作为封闭状态,定义值都为 1,定义折现因子为 $\lambda \leqslant 1$,并且每走一步的奖励函数为 -1,从初始的零向量值函数出发,分别使用矩阵迭代方法和蒙特卡罗迭代方法给区间每个整点赋值;再使用蒙特卡罗迭代方法直接计算控制值函数,并利用这个值来选出最优路径。这个路径就是最快达到封闭状态的路径。

第16章 概率论基础

在机器学习，特别是监督式机器学习的算法中，明显有着两条主线，一条主线是函数逼近的方法；另一条主线是概率论的方法。为此，在最后两章简要复习一下概率论和线性代数的相关内容。本章先来讲述概率论的内容。

概率论的内容可以分为古典概率论和现代概率论。古典概率论的基础是计数，现代概率论的基础是测度。

16.1 古典概率论内容

首先介绍古典概率论的内容。古典概率论与计数和排列组合有着密切的联系。一般情况下，有一个由有限个元素组成的空间，这个空间的元素记为

$$\Omega = \{a, b, c, \cdots, z\}$$

这个空间就代表着所有可能发生的事件的总和，并且每一种事件发生的可能性都是一样的。这种事件发生的等可能性往往要由某种机械的方式来保证，我们经常所说的随机性，就是形容这种等可能性的过程。因为这个空间的有限性，可以计算出所有元素的个数，记为 $|\Omega|$。这个空间的任何一个子集合也必然是有限个。这个空间的所有子集合的个数，包括空集合在内一共有 $2^{|\Omega|}$ 个。每一个子集合（如子集合 A），就代表着某个性质所构成的元素的集合。这时可以讲，A 事件发生的概率就是

$$P(A) = \frac{|A|}{|\Omega|}$$

显然，集合 A 中包含的元素越多，概率 $P(A)$ 就越大。如果 A 是空集合，则概率 $P(A) = 0$，因为没有符合这种性质的元素；如果 A 是整个空间，则概率 $P(A) = 1$。可以看到，这样的定义是非常符合我们日常生活中的直观感受的。

下面来看概率论中其他的一些众所周知的性质。

(1) 如果集合 A 和集合 B 互不相交，即它们满足的性质互不相容，这时有

$$P(A \cup B) = P(A) + P(B)$$

(2) 集合 A 和集合 B 是互相独立的事件，如果有下面的概率等式成立，则

$$P(A \cap B) = P(A)P(B)$$

有时也把 $P(A \cap B)$ 简单地记为 $P(A, B)$，表示当 A 和 B 同时发生的概率。

(3) 如果集合 A 发生，此时集合 B 发生的概率为

$$P(B|A) = \frac{P(A,B)}{P(A)}$$

上面的等式有时也写为

$$P(A,B) = P(A)P(B|A) = P(B)P(A|B)$$

上面第二个等式就是著名的贝叶斯公式。

在古典概率论的框架下，还可以定义期望。如果存在概率空间 Ω，并且有定义在其上的一个函数 X，通常称这个函数为随机变量。那么对这个函数求平均就定义了这个随机变量的期望。因为是在一个有限元素的空间上讨论问题，所以求平均的过程就比较简单，期望的定义就是

$$E(X) = \sum_{\omega \in \Omega} X(\omega)$$

同样，对于这个随机变量，可以定义它的方差。方差则形容了随机变量在概率空间上取值的振荡幅度。方差的定义是

$$V(X) = \sum_{\omega \in \Omega} \frac{(X(\omega) - E(X))^2}{|\Omega|}$$

显然，如果随机变量在概率空间上取值为常数，则其方差就是零；反之，如果方差是零，那么随机变量也必然是一个常值的函数。

16.2　连续分布

古典的概率论只能够处理由有限个元素组成的概率空间的问题，当空间的元素有无限多时，就不得不跨越到现代概率论的领域了。现代概率论起始于测度论 (Measure Theory)。当说起某一件事发生的概率时，其实指的是它在所有可能发生的事件集合中所占的测度值的比例。不使用测度论的语言就无法谈论现代概率论，因此从这里开始介绍。

定义 16.1　给定一个全集 Ω，记 $\mathscr{F}$ 为 Ω 的子集族。

(1) 若 $A \in \mathscr{F}$，则余集 $A^c \in \mathscr{F}$。

(2) 若集合列 $A_i \in \mathscr{F}, i = 1, 2, \cdots$，则有 $\cup_{i=1}^{\infty} A_i \in \mathscr{F}$。

(3) 全集和空集 $\Omega, \varnothing \in \mathscr{F}$。

称 $\mathscr{F}$ 是一个 σ 代数。

空间 Ω 的最小 σ 代数是：$\mathscr{F}$ 只包含空集和全空间 Ω，最小性显然，以上

所有的性质都自动满足。空间 Ω 的最大 σ 代数是：$\mathscr{F}$ 含 Ω 的所有子集，最大性也是显然的。

σ 代数定义的关键，是要使得对 σ 代数中的集合做任何可数次集合的基本运算后，得到的结果仍在此 σ 代数中。例如，若 $A_n \in \mathscr{F}$，那么

$$\bigcap_{n=1}^{\infty} A_n = \left(\bigcup_{n=1}^{\infty} A_n^c\right)^c$$

也属于 $\mathscr{F}$。

定义 16.2　空间 $(\Omega, \mathscr{F})$ 上的概率测度 P 是一个从 Ω 的子集族 $\mathscr{F}$ 到 $[0,1]$ 区间且满足以下条件的函数：

(1) $P(\Omega) = 1, P(\varnothing) = 0$。

(2) (可数可加性) 若 $A_1, A_2, \cdots, A_n$，为 $\mathscr{F}$ 中互不相交的子集列，则有

$$P\left(\bigcup_{n=1}^{\infty} A_n\right) = \sum_{n=1}^{\infty} P(A_n) \tag{16.1}$$

其中，三元组 $(\Omega, \mathscr{F}, P)$ 就称为概率空间。

当 Ω 为有限集时，定义概率测度很简单。取 $\mathscr{F}$ 为其所有子集的 σ 代数。对任意 $A \in \mathscr{F}$，定义

$$P(A) = \frac{|A|}{|\Omega|} \tag{16.2}$$

其中，$|A|$ 是指 A 中的元素个数。易验证这样定义出的函数满足概率测度的条件。

但当 Ω 中有无穷多个元素时，事情就会复杂很多。有时无法给出一个有用的概率测度，使其在空间的每一个子集上都有意义。一个经典的例子是构造区间 $[0,1)$ 上的不可测集。取 $\mathscr{F}$ 包含区间 $[0,1)$ 的所有子集。定义 $x \sim y$，如果 $x - y$ 是有理数，显然这个关系是一个等价关系。取任意集合 $A \subset [0,1)$，定义 A_x 为对 A 中每个元素加上 x，再模掉 1 之后构成的集合。令集合 B 为上述等价关系下，在每个等价类内均取一点构成的集合，于是

$$[0,1) = \bigcup_{a \in \mathbb{Q}} B_a$$

而集合 B_a 之间互不相交。又因为平移后希望保持测度不变，要求

$$P(B) = P(B_a) \tag{16.3}$$

对任意 a 成立。因为有理数集是可数集，又因为测度的可数可加性，就会得到

$$P([0,1)) = \sum_{a\in\mathbb{Q}} P(B_a) = \sum_{a\in\mathbb{Q}} P(B)$$

但是从这个等式可知，$P(B) = 0$ 不对，$P(B) > 0$ 也不对。从这个例子可知，只能满足于把测度定义在合适的、更小的 σ 代数上。

实分析中，我们学过 Borel 集是由实数集 $\mathbb{R} = (-\infty, \infty)$ 上的开集生成的最小 σ 代数。

定义 16.3　令 $(\Omega, \mathscr{F}, P)$ 为概率空间，其上的一个随机变量 X 是定义在 Ω 上的一个实函数，且满足对实数集 $\mathbb{R}$ 的任意 Borel 子集 B，Ω 的子集

$$\{X \in B\} = \{\omega \in \Omega; X(\omega) \in B\} \tag{16.4}$$

都在 σ 代数 $\mathscr{F}$ 中。

定义 16.4　给定概率空间 $(\Omega, \mathscr{F}, P)$ 上的随机变量 X，X 的分布函数定义如下

$$F(x) = P(X \leqslant x), \quad x \in \mathbb{R} \tag{16.5}$$

定义 16.5　如果存在函数 $f(x)$，使得分布函数 $F(x)$ 可以表达成以下形式

$$F(x) = \int_{-\infty}^{x} f(x)\,\mathrm{d}x \tag{16.6}$$

那么称 $f(x)$ 为 X 的密度函数。

显然，密度函数必满足以下条件

$$\int_{-\infty}^{\infty} f(x)\,\mathrm{d}x = 1 \tag{16.7}$$

下面介绍一些常用的分布。

(1) 均匀分布 (Uniform Distribution)。在区间 $[a,b]$ 上取值的随机变量，密度函数为以下形式

$$f(x) = \begin{cases} \dfrac{1}{b-a}, & x \in (a,b) \\ 0, & \text{其他} \end{cases} \tag{16.8}$$

(2) 正态分布 (Normal Distribution)。在区间 $(-\infty, +\infty)$ 上取值的随机变量，密度函数为以下形式

$$f(x) = \frac{1}{\sqrt{2\pi}}\mathrm{e}^{-\frac{x^2}{2}} \tag{16.9}$$

(3) 指数分布 (Exponential Distribution)。在区间 $(0, \infty)$ 上取值的随机变量，密度函数为以下形式

$$f(x) = \lambda e^{-\lambda x}, \quad x > 0 \tag{16.10}$$

(4) 泊松分布 (Poisson Distribution)。在非负整数集上取值的随机变量，密度函数为以下形式

$$P(X = k) = e^{-\lambda} \frac{\lambda^k}{k!} \tag{16.11}$$

(5) 对数正态分布 (Lognormal Distribution)。在区间 $(0, \infty)$ 上取值的随机变量，密度函数为以下形式

$$f(x) = \frac{1}{\sqrt{2\pi}x} e^{-\frac{\log^2 x}{2}} \tag{16.12}$$

(6) 伯努利分布。这是一个离散分布，其中随机变量取值 $0, 1, \cdots, n$，那么

$$p(X = k) = C_n^k \theta^k (1 - \theta)^{n-k}$$

(7) Gamma 分布。在区间 $(0, \infty)$ 上取值的随机变量，密度函数为以下形式

$$f(x) = \frac{1}{\Gamma(a)} e^{-x} x^{-a}$$

(8) Beta 分布。在区间 $(0, 1)$ 上取值的随机变量，密度函数为以下形式

$$f(x) = \frac{1}{B(a, b)} x^{a-1} (1 - x)^{b-1}$$

16.3　期望

定义 16.6 令 X 为概率空间 $(\Omega, \mathscr{F}, P)$ 上的随机变量，可以定义在测度 P 下的随机变量的积分，作为一个算子满足下列条件：

(1) 若 X 只取有限个值 $y_0, y_1, \cdots, y_n$，则

$$\int_{\Omega} X(\omega)\, \mathrm{d}P(\omega) = \sum_{k=0}^{n} y_k P(X = y_k)$$

(2) (可积性) 随机变量 X 称为可积的，当且仅当

$$\int_{\Omega} |X(\omega)|\, \mathrm{d}P(\omega) < \infty$$

(3) (单调性) 如果几乎处处有 $X \leqslant Y$，即

$$P(X \leqslant Y) = 1$$

且 $\int_{\Omega} X(\omega) \, \mathrm{d}P(\omega)$ 和 $\int_{\Omega} Y(\omega) \, \mathrm{d}P(\omega)$ 都有定义，那么

$$\int_{\Omega} X(\omega) \, \mathrm{d}P(\omega) \leqslant \int_{\Omega} Y(\omega) \, \mathrm{d}P(\omega)$$

特别地，如果几乎处处有 $X = Y$，且其中一个积分有定义，那么它们都有定义且

$$\int_{\Omega} X(\omega) \, \mathrm{d}P(\omega) = \int_{\Omega} Y(\omega) \, \mathrm{d}P(\omega)$$

(4) (线性) 令 α 和 β 为实常数，且 X 和 Y 是可积的，或者若 α 和 β 为非负常数且 X 和 Y 非负，则

$$\int_{\Omega} \big(\alpha X(\omega) + \beta Y(\omega)\big) \, \mathrm{d}P(\omega) = \alpha \int_{\Omega} X(\omega) \, \mathrm{d}P(\omega) + \beta \int_{\Omega} Y(\omega) \, \mathrm{d}P(\omega)$$

定义 16.7 若随机变量 X 可积，称随机变量 X 的积分值为期望 $E(X)$，即

$$E(X) = \int_{\Omega} X(\omega) \, \mathrm{d}P(\omega)$$

一旦在概率空间上对于可测函数的积分定义完成后，可以通过测度里面比较完备的方法建立下面的定理，把概率空间上的关于随机变量的积分和我们熟知的实数集合上的 Lebesgue 积分联系起来。

定理 16.1 令 X 为随机变量，且其密度函数为 $f(x)$。对任意可测函数 g，有

$$E\big(g(X)\big) = \int_{-\infty}^{\infty} g(x) f(x) \, \mathrm{d}x \tag{16.13}$$

特别地

$$E(X) = \int_{-\infty}^{\infty} x f(x) \, \mathrm{d}x \tag{16.14}$$

16.4 信息和熵

在前面决策树模型一章中已经看到，信息增益的概率是和概率密切联系的。本节将继续详细描述这个概念。给出一个离散的随机变量以及概率分布，定义

$$H(X) = -\sum_{i=1}^{n} p_i \log p_i$$

为这个随机变量的熵。可以看到，因为 $0 \leqslant p(x) \leqslant 1$，所以有

$$H(X) \geqslant 0$$

在这个情况下，如果概率是均匀的，那么就有 $p_i = \dfrac{1}{n}$，这时 $H(X) = \log n$。当概率分布集中在一个点上时，有 $H(X) = 0$。事实上，有以下定理。

定理 16.2 对于离散随机变量 X，有

$$0 \leqslant H(X) \leqslant \log n$$

随机变量在完全均匀的情况下，熵达到最大，在点分布时，熵最小。

证明 对于 $0 \leqslant p_i \leqslant 1$，有

$$0 \leqslant -p_i \log p_i$$

而且 $p_i \log p_i = 0$，当且仅当 $p_i = 0, 1$ 时。另外，使用 Holder 不等式有

$$\left(\frac{1}{p_1}\right)^{p_1} \left(\frac{2}{p_2}\right)^{p_2} \cdots \left(\frac{n}{p_n}\right)^{p_n} \leqslant p_1 \frac{1}{p_1} p_2 \frac{1}{p_2} \cdots p_n \frac{1}{p_n} = n$$

这样就有不等式

$$-p_1 \log p_1 - p_2 \log p_2 - \cdots - p_n \log p_n \leqslant \log n$$

成立，而且等式在 $p_i = \dfrac{1}{n}$ 时成立。 证毕

对于连续的随机变量，可以使用积分来定义熵的概念。例如，随机变量 X 的密度函数为 $p(x)$，在满足一定可积的条件时，下面的表达式

$$H(X) = -\int_{-\infty}^{\infty} p(x) \log p(x) \mathrm{d}x$$

可用于定义随机变量 X 的熵。对于两个随机变量 X, Y，假设它们的联合密度函数存在并且是 $p(x, y)$，同时用 $p(x), p(y)$ 来表示 X 和 Y 的边缘分布，那么给定 Y 以后 X 的条件熵为

$$H(X|Y) = -\int_{-\infty}^{\infty} \int_{-\infty}^{\infty} p(y) p(x|y) \log p(x|y) \, \mathrm{d}y \mathrm{d}x$$

$$= -\int_{-\infty}^{\infty} \int_{-\infty}^{\infty} p(x, y) \log p(x|y) \, \mathrm{d}y \mathrm{d}x$$

$$= -\int_{-\infty}^{\infty} \int_{-\infty}^{\infty} p(x, y) \log \frac{p(x, y)}{p(y)} \, \mathrm{d}y \mathrm{d}x$$

从而有

$$H(X) - H(X|Y) = \int_{-\infty}^{\infty} \int_{-\infty}^{\infty} p(x,y) \log \frac{p(x,y)}{p(x)p(y)} \, \mathrm{d}x\mathrm{d}y$$

因为对称性，所以有

$$H(Y) - H(Y|X) = \int_{-\infty}^{\infty} \int_{-\infty}^{\infty} p(x,y) \log \frac{p(x,y)}{p(x)p(y)} \, \mathrm{d}x\mathrm{d}y$$

因此定义

$$I(X,Y) = H(X) - H(X|Y) = H(Y) - H(Y|X)$$

又因为 $\log x$ 是一个凸函数，而

$$\int_{-\infty}^{\infty} \int_{-\infty}^{\infty} p(x,y)\mathrm{d}x\mathrm{d}y = 1$$

所以应用凸函数的不等式就有

$$\int_{-\infty}^{\infty} \int_{-\infty}^{\infty} p(x,y) \log \frac{p(x,y)}{p(x)p(y)} \, \mathrm{d}x\mathrm{d}y$$

$$= -\int_{-\infty}^{\infty} \int_{-\infty}^{\infty} p(x,y) \log \frac{p(x)p(y)}{p(x,y)} \, \mathrm{d}x\mathrm{d}y$$

$$\geqslant \log \int_{-\infty}^{\infty} \int_{-\infty}^{\infty} p(x)p(y) \, \mathrm{d}x\mathrm{d}y$$

$$= 0$$

所以 $H(X) \geqslant H(X|Y)$ 成立。结果表明，知道了更多的信息使得熵减少，而完全没用任何信息时熵才可能是比较大的。

16.5　大数定律证明

概率论的两个重要定理就是大数定律和中心极限定理。本节将介绍大数定律及其证明。

定理 16.3 (弱大数定律 (Weak Law of Large Numbers))　令 $X_1, X_2, \cdots,$ X_n 为概率空间 $(\Omega, \mathscr{F}, P)$ 上独立同分布的随机变量序列。定义

$$S_n = X_1 + X_2 + \cdots + X_n \tag{16.15}$$

若 $E(|X|^2) < \infty$，则对于任何的 ϵ 都有极限

$$\lim_{n \to \infty} P\left(\left|\frac{S_n}{n} - E(X)\right| > \epsilon\right) = 0 \tag{16.16}$$

证明 规定 $E(X) = a$，同时 $E(X^2) = v < \infty$，因为有 Chebyshev 不等式

$$P\left(\left|\frac{S_n}{n} - a\right| > \epsilon\right) \leqslant \frac{1}{\epsilon} \int_\Omega \left|\frac{S_n}{n} - a\right|^2 \mathrm{d}P = \frac{1}{\epsilon}\frac{v}{n}$$

这样就有弱大数定律

$$\lim_{n \to \infty} P\left(\left|\frac{S_n}{n} - a\right| > \epsilon\right) = 0$$

证毕

定理 16.4 (强大数定律(Strong Law of Large Numbers)) 令 $X_1, X_2, \cdots,$ X_n 为概率空间 $(\Omega, \mathscr{F}, P)$ 上独立同分布的随机变量序列。定义

$$S_n = X_1 + X_2 + \cdots + X_n \tag{16.17}$$

若 $E(|X_i|) < \infty$，则有

$$P\left(\lim_{n \to \infty} \frac{S_n}{n} = E(X_1)\right) = 1 \tag{16.18}$$

证明 为了证明强大数定律，需要引入进一步的假设

$$E(X^4) < \infty$$

在这个前提下有估计

$$E\left(\left|\frac{S_n}{n} - a\right|\right) \leqslant \frac{C}{n^2}$$

所以针对一个固定的 ϵ，有

$$\sum_{n=M}^{\infty} P\left(\omega : \left|\frac{S_n}{n} - a\right| > \epsilon\right) = \frac{C}{\epsilon M} \to 0$$

由此可知

$$\left\{\lim_{n \to \infty} \frac{S_n}{n} \neq a\right\} \subseteq \bigcap_{\epsilon \in Q^+} \bigcup_{n=M}^{\infty} \left\{\omega : \left|\frac{S_n}{n} - a\right| > \epsilon\right\}$$

从而得到证明。

证毕

16.6 中心极限定理证明

大数定律说明一组期望是零的、独立同分布的随机变量的平均值趋向于零，但是这些随机变量是怎么趋向于零的，在这个过程中和零的偏离程度还需要进一步量化。中心极限定理可以回答这个问题。

定理 16.5 (中心极限定理 (Central Limit Theorem)) 令 $X_1, X_2, \cdots, X_n$ 为概率空间 $(\Omega, \mathscr{F}, P)$ 上独立同分布的随机变量序列，有共同的均值 c 和有限的正值方差 σ^2。若

$$S_n = X_1 + X_2 + \cdots + X_n \tag{16.19}$$

则有

$$\lim_{n \to \infty} P\left(\frac{S_n - nc}{\sigma\sqrt{n}} \leqslant x\right) = \int_{-\infty}^{x} \frac{1}{\sqrt{2\pi}} \mathrm{e}^{-\frac{t^2}{2}} \,\mathrm{d}t \tag{16.20}$$

对任意 $x \in \mathbb{R}$ 成立。

证明 假设随机变量 X 的均值都是 0，方差是 1，即

$$E(X) = 0, \quad E(X^2) = 1$$

特征函数

$$f(y) = E\big(\mathrm{e}^{yX}\big)$$

考虑到

$$f(y) = E\left(1 + yX + \frac{1}{2}y^2 X^2 + o(y^3)\right)$$
$$= 1 + \frac{y^2}{2} + o(y^3)$$

从而有

$$f(0) = 1, f'(0) = 0, f''(0) = 1$$

令

$$S_n = \frac{X_1 + X_2 + \cdots + X_n}{\sqrt{n}}$$

所以有

$$E\left(e^{yS_n}\right) = \left[f\left(\frac{y}{\sqrt{n}}\right)\right]^n$$

$$= \left(1 + \frac{y^2}{2n} + o(y^3)\right)^n$$

$$\rightarrow \exp\left(\frac{y^2}{2}\right)$$

可以看到，S_n 的特征函数趋向于高斯分布的特征函数，从而有中心极限定理的结论。   证毕

中心极限定理揭示了标准正态分布在概率论以及现实世界中重要而独特的地位。

第17章　线性代数基础

本章将介绍线性代数的内容，并把重点放在行列式、线性方程组和矩阵的相关性质上，这也是本书使用线性代数较多的地方。最后一节介绍了矩阵运算中求导的一些公式，对应于前面各章中线性代数的相关知识。

17.1　行列式

初等代数中的一个基本问题是讨论二元一次线性方程组

$$\begin{cases} a_{11}x + a_{12}y = c \\ a_{21}x + a_{22}y = d \end{cases}$$

的解。使用消元法，可以得到这个方程组形式上的解

$$\begin{cases} x = \dfrac{ca_{22} - da_{12}}{a_{11}a_{22} - a_{12}a_{21}} \\ \\ y = \dfrac{da_{11} - ca_{21}}{a_{11}a_{22} - a_{12}a_{21}} \end{cases}$$

解 x, y 的表示形式中具有同样的分母，由此就引出了下面的定义。

定义 17.1　二阶行列式的定义是

$$\begin{vmatrix} a_{11} & a_{12} \\ a_{21} & a_{22} \end{vmatrix} = a_{11}a_{22} - a_{12}a_{21}$$

二阶行列式还有其几何意义。在中学的解析几何中，平面上的两个向量写作

$$\boldsymbol{a} = (a_{11}, a_{12})$$

$$\boldsymbol{b} = (a_{21}, a_{22})$$

这两个向量张开构成的平行四边形面积就是行列式的值。所以，当行列式的值为 0 时，两个向量其实就是平行的，即一个向量是另一个向量的倍数。

同样考虑三元一次方程组，使用消元法可以得到三个未知数的表达式，每个解也都有同样的分母，据此可以给出三阶行列式的定义。

定义 17.2 三阶行列式的定义为

$$\begin{vmatrix} a_{11} & a_{12} & a_{13} \\ a_{21} & a_{22} & a_{23} \\ a_{31} & a_{32} & a_{33} \end{vmatrix} = a_{11}a_{22}a_{33} + a_{21}a_{32}a_{13} + a_{31}a_{12}a_{23} -$$

$$a_{11}a_{23}a_{32} - a_{12}a_{21}a_{33} - a_{13}a_{22}a_{31}$$

$$= a_{11} \begin{vmatrix} a_{22} & a_{23} \\ a_{32} & a_{33} \end{vmatrix} - a_{12} \begin{vmatrix} a_{21} & a_{23} \\ a_{31} & a_{33} \end{vmatrix} + a_{13} \begin{vmatrix} a_{21} & a_{21} \\ a_{31} & a_{32} \end{vmatrix}$$

三阶行列式的几何意义和二阶行列式的几何意义类似，就是在三维空间的三个向量张成的平行四面体的体积。

为了进一步定义 n 阶的行列式，可采取两种途径。

第一个途径是通过所谓的归纳法：假设已经定义好了一个 $n-1$ 阶的行列式，那么一个 n 阶的行列式可以定义为

$$\begin{vmatrix} a_{11} & a_{12} & \cdots & a_{1n} \\ a_{21} & a_{22} & \cdots & a_{2n} \\ \vdots & \vdots & \ddots & \vdots \\ a_{n1} & a_{n2} & \cdots & a_{nn} \end{vmatrix} = a_{11}A_{11} - a_{12}A_{12} + \cdots + (-1)^{n-1}A_{1n}$$

其中，A_{ij} 就是在原来行列式中横向和纵向划去以 a_{ij} 为中心的行和列以后剩余的行列式的值。

但是，这种方法没有看到行列式的实质。为了更系统地给出行列式的定义，需要考虑置换的概念。

定义 17.3 一个从 $\{1, 2, \cdots, n\}$ 到自身的一一映射

$$\sigma : \{1, 2, \cdots, n\} \to \{1, 2, \cdots, n\}$$

称为一个置换。一个置换可以写成一个有序整数的排列

$$(\sigma(1), \sigma(2), \cdots, \sigma(n))$$

它们遍历了所有小于或等于 n 的正整数，同时对于不同的 i, j 来讲，$\sigma(i) \neq \sigma(j)$，例如下面的两个置换

$$(2, 3, \cdots, n, 1), \quad (n, n-1, \cdots, 2, 1)$$

有时为了记号上的方便，也用 $\sigma_1, \sigma_2, \cdots, \sigma_n$ 来表示置换。

定理 17.1 对于整数 n，一共有 $n!$ 个不同的置换。

证明　一个置换就是一个 n 个不同数字的全排列，而根据全排列的公式可知，就是 $n!$ 这么多。　　　　　　　　　　　　　　　　　　　　　　　证毕

定义 17.4　对于任何一个置换，如果有一个 $\sigma(i) > \sigma(j)$，其中 $i < j$，则称之为一个逆序。在一个置换中，如果所有可能的逆序之和是奇数，则称这个置换为奇置换，记为 $\text{sign}(\sigma) = 1$；否则称之为偶置换，记为 $\text{sign}(\sigma) = 0$。

所谓一个逆序，就是在一个置换中，前面的整数比后面的整数大。所有逆序的个数的奇偶性是这个置换的一个鲜明特征。如果置换中对调两个整数，其奇偶性应该发生变化。

定理 17.2　一个置换对调两个数字以后，那么其奇偶性发生变化。

证明　首先把相邻的两个数字对调，例如令 $i_1 = \sigma(1), i_2 = \sigma(2)$，那么如果 $i_1 > i_2$，经过对调以后，i_1 和 i_2 的逆序发生变化，而其他的逆序不变，所以置换的奇偶性发生变化，可以证明 $i_1 < i_2$ 时也是如此。不相邻的两个整数进行对换，就相当于做了奇数次相邻两个整数的对换，所以命题得证。　　　　　证毕

定理 17.3　对于整数 n，一共有 $\dfrac{n!}{2}$ 个奇置换，同时有 $\dfrac{n!}{2}$ 个偶置换。

证明　对于任何一个置换，总可以对调最前面的两个整数，这样如果原来是奇置换，对调以后就是偶置换；如果原来是偶置换，对调以后就是奇置换。这就建立了奇置换和偶置换之间一对一的关系。考虑到一共有 $n!$ 个置换，而一半是奇置换，另一半是偶置换，所以命题得证。　　　　　　　　　　　　证毕

有了置换及其奇偶性质以后，就可以正式定义行列式了。n 阶行列式需要有 n^2 个实数（或者复数）排列成 n 行和 n 列，其实这就是以后要定义的 n 阶矩阵。

定义 17.5　给出矩阵 (a_{ij})，则行列式的值为

$$\begin{vmatrix} a_{11} & a_{12} & \cdots & a_{1n} \\ a_{21} & a_{22} & \cdots & a_{2n} \\ \vdots & \vdots & \ddots & \vdots \\ a_{n1} & a_{n2} & \cdots & a_{nn} \end{vmatrix} = \sum_{\sigma} (-1)^{\text{sign}(\sigma)} a_{1\sigma_1} a_{2\sigma_2} \cdots a_{n\sigma_n}$$

所以，行列式的定义就是从矩阵中的每一行取一个数字，保证它们不会有两个在同一列中，相乘的同时还要把置换的奇偶性考虑进去再相加。从行列式的定义出发，可以推导一些简单的性质。这些性质都可以从定义出发直接推导。但是，并不是所有关于行列式的命题都可以简单地从定义出发来证明。

定理 17.4 行列式交换两行 (两列) 以后, 行列式的值变号。

定理 17.5 行列式有两行 (两列) 相同, 行列式的值为零。

定理 17.6 行列式某行 (列) 的公因子可以提取出来。

定理 17.7 一个行列式转置以后, 行列式不变, 即

$$D = D^{\mathrm{T}}$$

证明 根据定义, 我们需要验证的是对于一个置换 σ, 定义一个新的置换为 μ, 使得 $\mu_{\sigma_i} = i$。从而

$$a_{\sigma_1 1}a_{\sigma_2 2}\cdots a_{\sigma_n n} = a_{1\mu_1}a_{2\mu_2}\cdots a_{n\mu_n}$$

另外, 注意到 $\mathrm{sign}(\sigma) = \mathrm{sign}(\mu)$, 这是因为从初始的置换

$$\begin{pmatrix} \sigma_1 & \sigma_2 & \cdots & \sigma_n \\ 1 & 2 & \cdots & n \end{pmatrix}$$

做变换时, 每当我们把第一行的元素两两对调, 第二行相同列的数字也随着交换

$$\begin{pmatrix} 1 & 2 & \cdots & n \\ \mu_1 & \mu_2 & \cdots & \mu_n \end{pmatrix}$$

当第一行成为顺序以后, 第二行就变成了 μ 这个置换, 从而两个置换的奇偶性一致。显然, 根据定义

$$D^{\mathrm{T}} = (-1)^{\mathrm{sign}(\sigma)}a_{\sigma_1 1}a_{\sigma_2 2}\cdots a_{\sigma_n n}$$
$$= (-1)^{\mathrm{sign}(\mu)}a_{1\mu_1}a_{2\mu_2}\cdots a_{n\mu_n}$$
$$= D$$

从而命题得以证明。   证毕

定理 17.8 行列式具有以下性质

$$\begin{vmatrix} a_{11} & a_{12} & \cdots & a_{1n} \\ \vdots & \vdots & \ddots & \vdots \\ b_{i1}+c_{i1} & b_{i2}+c_{i2} & \cdots & b_{in}+c_{in} \\ \vdots & \vdots & \ddots & \vdots \\ a_{n1} & a_{n2} & \cdots & a_{nn} \end{vmatrix} = \begin{vmatrix} a_{11} & a_{12} & \cdots & a_{1n} \\ \vdots & \vdots & \ddots & \vdots \\ b_{i1} & b_{i2} & \cdots & b_{in} \\ \vdots & \vdots & \ddots & \vdots \\ a_{n1} & a_{n2} & \cdots & a_{nn} \end{vmatrix} + \begin{vmatrix} a_{11} & a_{12} & \cdots & a_{1n} \\ \vdots & \vdots & \ddots & \vdots \\ c_{i1} & c_{i2} & \cdots & c_{in} \\ \vdots & \vdots & \ddots & \vdots \\ a_{n1} & a_{n2} & \cdots & a_{nn} \end{vmatrix}$$

定理 17.9　行列式某行 (列) 乘以一个数加到另外一行 (列) 以后的行列式不变。

证明　不妨设前面两行做这个变换，则有

$$
\begin{vmatrix}
a_{11} & a_{12} & \cdots & a_{1n} \\
a_{21}+ka_{11} & a_{22}+ka_{12} & \cdots & a_{2n}+ka_{2n} \\
\vdots & \vdots & \ddots & \vdots \\
a_{n1} & a_{n2} & \cdots & a_{nn}
\end{vmatrix}
$$

$$
=
\begin{vmatrix}
a_{11} & a_{12} & \cdots & a_{1n} \\
ka_{11} & ka_{12} & \cdots & ka_{2n} \\
\vdots & \vdots & \ddots & \vdots \\
a_{n1} & a_{n2} & \cdots & a_{nn}
\end{vmatrix}
+
\begin{vmatrix}
a_{11} & a_{12} & \cdots & a_{1n} \\
a_{21} & a_{22} & \cdots & a_{2n} \\
\vdots & \vdots & \ddots & \vdots \\
a_{n1} & a_{n2} & \cdots & a_{nn}
\end{vmatrix}
$$

然后注意到，最后一行的第一项提取出 k 以后，因为前面两行相同，所以行列式为零。　　　　　　　　　　　　　　　　　　　　　　　　　　　证毕

上面的性质不仅有理论上的意义，在实际计算中也发挥着重要的作用。在计算行列式的值时，往往就是不断交换两行、交换两列或者把一行乘以一个数字加到另外一行上，直到行列式变得比较简单为止。

既然用置换定义了行列式的值，现在必须对这个定义进行说明，使得行列式具有迭代和降维的关系。

定理 17.10　一个 n 阶的行列式和其余子式之间的关系为

$$
\begin{vmatrix}
a_{11} & a_{12} & \cdots & a_{1n} \\
a_{21} & a_{22} & \cdots & a_{2n} \\
\vdots & \vdots & \ddots & \vdots \\
a_{n1} & a_{n2} & \cdots & a_{nn}
\end{vmatrix}
= a_{11}A_{11} - a_{12}A_{12} + \cdots + (-1)^{n-1}A_{1n}
$$

其中，A_{ij} 就是在原来行列式中横向和纵向划去以 a_{ij} 为中心的行和列以后剩余的行列式的值。

证明　在行列式定义的每一项 $\sum_{\sigma}(-1)^{\mathrm{sign}\,\sigma} a_{1\sigma_1} a_{2\sigma_2} \cdots a_{n\sigma_n}$ 中，凡是 $\sigma_1 = 1$ 的那些置换，自然也成为 $(2,\cdots,n)$ 的一个置换。同理，凡是 $\sigma_1 = 2$ 的那些置换，就把 $(1,3,\cdots,n)$ 映射到自身。把这些同类项归结在一起，就有上面的结论。　　　　　　　　　　　　　　　　　　　　　　　　　　　证毕

上述定理从第一行展开。当然，还可以从任意一行展开。如果从第 i 行展开，前面还要乘以 $(-1)^{i-1}$，即

$$\begin{vmatrix} a_{11} & a_{12} & \cdots & a_{1n} \\ a_{21} & a_{22} & \cdots & a_{2n} \\ \vdots & \vdots & \ddots & \vdots \\ a_{n1} & a_{n2} & \cdots & a_{nn} \end{vmatrix} = (-1)^{i-1} \left(a_{i1}A_{i1} - a_{i2}A_{i2} + \cdots + (-1)^{n-1}A_{in} \right)$$

定理 17.11 对于 $i \neq 1$，有

$$a_{11}A_{i1} - a_{12}A_{i2} + \cdots + (-1)^{n-1}a_{1n}A_{in} = 0$$

证明 这是因为把第 i 行去掉完全用第 1 行所替代，显然，因为有两行完全相同，所以行列式的值为零，从第 i 行展开，就得到上述等式。   证毕

17.2   Cramer 法则

引入行列式的初衷是求解二元一次线性方程组，现在已经有了 n 阶行列式的定义，自然就应该用它来求解多元一次线性方程组。这个就是 Cramer 法则。

定理 17.12 (Cramer 法则) 下面的线性方程组

$$\begin{cases} a_{11}x_1 + a_{12}x_2 + \cdots + a_{1n}x_n = a_1 \\ a_{21}x_1 + a_{22}x_2 + \cdots + a_{2n}x_n = a_2 \\ \vdots \\ a_{n1}x_1 + a_{n2}x_2 + \cdots + a_{nn}x_n = a_n \end{cases}$$

在行列式

$$\begin{vmatrix} a_{11} & a_{12} & \cdots & a_{1n} \\ a_{21} & a_{22} & \cdots & a_{2n} \\ \vdots & \vdots & \ddots & \vdots \\ a_{n1} & a_{n2} & \cdots & a_{nn} \end{vmatrix} \neq 0$$

时有且仅有一组解

$$x_i = \frac{D_i}{D}$$

其中，D_i 是在原来行列式中把第 i 列替换成所有 a_j 所成的行列式。

证明 先在 $D \neq 0$ 的情况下来证明线性方程组有解。为此，观察下面延展的矩阵行列式

$$\begin{vmatrix} a_i & a_{i1} & a_{i2} & \cdots & a_{in} \\ a_1 & a_{11} & a_{12} & \cdots & a_{1n} \\ \vdots & \vdots & \vdots & \ddots & \vdots \\ a_n & a_{n1} & a_{n2} & \cdots & a_{nn} \end{vmatrix} = 0$$

按照第一行展开，有

$$a_i D - a_{i1} D_1 - a_{i2} D_2 - \cdots - a_{in} D_n = 0$$

可以看到，$x_i = \dfrac{D_i}{D}$ 确实是方程的解。现在证明唯一性。如果不唯一，则存在下面齐次方程的非零解

$$a_{i1} x_1 + a_{i2} x_2 + \cdots + a_{in} x_n = 0, \quad i = 1, 2, \cdots, n$$

为了不失一般性，假设 $x_1 \neq 0$，有

$$x_1 D = \begin{vmatrix} a_{11} x_1 & a_{12} & \cdots & a_{1n} \\ a_{21} x_1 & a_{22} & \cdots & a_{2n} \\ \vdots & \vdots & \ddots & \vdots \\ a_{n1} x_1 & a_{n2} & \cdots & a_{nn} \end{vmatrix} = \begin{vmatrix} \sum\limits_{i=1}^{n} a_{1i} x_i & a_{12} & \cdots & a_{1n} \\ \sum\limits_{i=1}^{n} a_{2i} x_i & a_{22} & \cdots & a_{2n} \\ \vdots & \vdots & \ddots & \vdots \\ \sum\limits_{i=1}^{n} a_{ni} x_i & a_{n2} & \cdots & a_{nn} \end{vmatrix} = 0$$

这就产生了矛盾，从而完成证明。 证毕

在一些问题中需要使用 Cramer 法则，但是使用 Cramer 法则需要验证行列式的值不为零。下面就是一个著名的行列式。

定理 17.13 (Vandermonde行列式) 给出一组 $x_1, x_2, \cdots, x_{n-1}$，Vandermonde 行列式为

$$\begin{vmatrix} 1 & x_1 & x_1^2 & \cdots & x_1^{n-1} \\ 1 & x_2 & x_2^2 & \cdots & x_2^{n-1} \\ \vdots & \vdots & \vdots & \ddots & \vdots \\ 1 & x_n & x_n^2 & \cdots & x_n^{n-1} \end{vmatrix} = \prod_{i>j} (x_i - x_j)$$

证明　依次从倒数第一列减去倒数第二列乘以 x_1，这样就有

$$\begin{vmatrix} 1 & x_1 & x_1^2 & \cdots & x_1^{n-1} \\ 1 & x_2 & x_2^2 & \cdots & x_2^{n-1} \\ \vdots & \vdots & \vdots & \ddots & \vdots \\ 1 & x_n & x_n^2 & \cdots & x_n^{n-1} \end{vmatrix} = \begin{vmatrix} 1 & 0 & 0 & \cdots & 0 \\ 1 & x_2-x_1 & x_2^2-x_2x_1 & \cdots & x_2^{n-1}-x_2^{n-2}x_1 \\ \vdots & \vdots & \vdots & \ddots & \vdots \\ 1 & x_n-x_1 & x_n^2-x_nx_1 & \cdots & x_n^{n-1}-x_n^{n-2}x_1 \end{vmatrix}$$

$$= J \begin{vmatrix} x_2-x_1 & x_2^2-x_2x_1 & \cdots & x_2^{n-1}-x_2^{n-2}x_1 \\ \vdots & \vdots & \ddots & \vdots \\ x_n-x_1 & x_n^2-x_nx_1 & \cdots & x_n^{n-1}-x_n^{n-2}x_1 \end{vmatrix}$$

$$= \prod_{i=2}^{n}(x_i-x_1) \begin{vmatrix} 1 & x_2 & x_2^2 & \cdots & x_2^{n-2} \\ \vdots & \vdots & \vdots & \ddots & \vdots \\ 1 & x_n & x_n^2 & \cdots & x_n^{n-2} \end{vmatrix}$$

通过这些步骤，原来 n 维的 Vandermonde 行列式就降维到一个 $n-1$ 维的行列式了，继续使用归纳法就能得到结论。　　　　　　　　　　　　　　证毕

Vandermonde 行列式的一个应用体现在多项式插值理论中。例如，给出 n 个实数 $x_1, x_2, \cdots, x_n$，对应有 $y_1, y_2, \cdots, y_n$，可以找到一个 $n-1$ 次的多项式

$$f(x) = a_0 + a_1 x + \cdots + a_{n-1} x^{n-1}$$

试图满足对于每个 i 都有 $f(x_i = y_i)$。这就相当于求解多项式的系数 $a_0, a_1, \cdots, a_{n-1}$，使其满足一组线性方程组。根据 Cramer 法则，只需要验证这个线性方程组的系数行列式。但是，这个系数行列式就是 Vandermonde 行列式，所以不为零。事实上，使用 Cramer 法则可以得到

$$f(x) = y_1 \frac{(x-x_2)\cdots(x-x_n)}{(x_1-x_2)\cdots(x_1-x_n)} + \cdots + y_n \frac{(x-x_1)\cdots(x-x_{n-1})}{(x_n-x_1)\cdots(x_n-x_{n-1})}$$

也称为拉格朗日插值公式。

17.3　矩阵初等性质

对于矩阵，一般有三个递进的理解。一个初等理解是数据的有序排序；进一步的理解是说，矩阵是由若干向量并列起来的，从而一个矩阵是一组向量；但是最本质的理解是作为线性空间中的线性变换。

一个实数域上的 $n \times m$ 矩阵具有下面的形式

$$A = \begin{pmatrix} a_{11} & a_{12} & \cdots & a_{1m} \\ a_{21} & a_{22} & \cdots & a_{2m} \\ \vdots & \vdots & \ddots & \vdots \\ a_{n1} & a_{n2} & \cdots & a_{nm} \end{pmatrix}$$

其中，$a_{ij} \in \mathbb{R}$。矩阵的行和列的数目可以称为矩阵的阶或者维数。

定义 17.6 具有相同维数的矩阵可以定义加法和减法。矩阵可以定义数乘，定义都是直截了当的，即对应相同位置的元素相加、相减和乘以固定常数。最重要的是，矩阵还可以定义乘法。但是，矩阵乘法对于矩阵的阶有要求。任意阶的两个矩阵是不能相乘的。两个矩阵 $\boldsymbol{A}_{n \times m}$ 和 $\boldsymbol{B}_{m \times k}$ 相乘有

$$C_{n \times k} = \boldsymbol{A} \cdot \boldsymbol{B}$$

其中，

$$c_{ij} = \sum_{l=1}^{m} a_{il} b_{lj}$$

矩阵乘法的定义来源于线性变换的复合。一般来说，矩阵乘积不能交换，就像两个函数的复合不能交换一样。两个 $n \times n$ 维的矩阵 $\boldsymbol{A}, \boldsymbol{B}$，一般 $\boldsymbol{AB} = \boldsymbol{BA}$ 并不成立。后面会讨论需要对 $\boldsymbol{A}$ 和 $\boldsymbol{B}$ 加上什么约束才可以交换。

使用矩阵乘法，很多问题可以简化写法和符号，从而可以让我们看问题更加深刻。例如，对于线性方程组

$$\begin{cases} a_{11}x_1 + a_{12}x_2 + \cdots + a_{1m}x_m = y_1 \\ a_{21}x_1 + a_{22}x_2 + \cdots + a_{2m}x_m = y_2 \\ \vdots \\ a_{n1}x_1 + a_{n2}x_2 + \cdots + a_{nm}x_m = y_n \end{cases}$$

可以用矩阵乘法写为

$$\boldsymbol{Ax} = \boldsymbol{y}$$

其中

$$\boldsymbol{A} = \begin{pmatrix} a_{11} & a_{12} & \cdots & a_{1m} \\ a_{21} & a_{22} & \cdots & a_{2m} \\ \vdots & \vdots & \ddots & \vdots \\ a_{n1} & a_{n2} & \cdots & a_{nm} \end{pmatrix}, \quad \boldsymbol{x} = \begin{pmatrix} x_1 \\ x_2 \\ \vdots \\ x_m \end{pmatrix}, \quad \boldsymbol{y} = \begin{pmatrix} y_1 \\ y_2 \\ \vdots \\ y_n \end{pmatrix}$$

一个 $n \times 1$ 的矩阵，通常就可以直接称为向量。在线性代数中，通常将向量记为列向量的形式。

定义 17.7　矩阵 $\boldsymbol{A} = (a_{ij})$ 的转置矩阵可以写为 $\boldsymbol{A}^{\mathrm{T}} = (b_{ij})$，其中 $b_{ij} = a_{ji}$。

定理 17.14　对于两个矩阵 $\boldsymbol{A}_{n \times m}, \boldsymbol{B}_{m \times k}$，有 $(\boldsymbol{AB})^{\mathrm{T}} = \boldsymbol{B}^{\mathrm{T}} \boldsymbol{A}^{\mathrm{T}}$。

定义 17.8　对于一个方阵 $\boldsymbol{A}_{n \times n}$，定义 $|\boldsymbol{A}|$ 或者 $\det(\boldsymbol{A})$ 为相应的行列式值，还可以定义 $\boldsymbol{A}$ 的迹为

$$\mathrm{tr}(\boldsymbol{A}) = \sum_{i=1}^{n} a_{ii}$$

定理 17.15　对于两个相同维数的方阵 $\boldsymbol{A}$ 和 $\boldsymbol{B}$，有

$$\mathrm{tr}(\boldsymbol{AB}) = \mathrm{tr}(\boldsymbol{BA})$$

可以看到，虽然两个矩阵乘积不一定可以交换，但是它们的迹却是一样的。

证明

$$\mathrm{tr}(\boldsymbol{AB}) = \sum_{i,j} a_{ij} b_{ji} = \mathrm{tr}(\boldsymbol{BA})$$

证毕

定义 17.9　对称矩阵满足性质 $a_{ij} = a_{ji}$，即 $\boldsymbol{A} = \boldsymbol{A}^{\mathrm{T}}$。

对称矩阵的定义看起来就是矩阵的数值沿着对角线呈现出镜像对称，像是一种纯粹的代数性质，但是以后我们会发现，研究对称矩阵最合理的范畴是几何和分析。

定义 17.10　反对称矩阵满足性质 $a_{ij} = -a_{ji}$，即 $\boldsymbol{A} = -\boldsymbol{A}^{\mathrm{T}}$。

定义 17.11　矩阵 $\boldsymbol{A}_{n \times n}$ 为对角矩阵，对于任何 $i \neq j$ 都有 $a_{ij} = 0$。

定义 17.12　矩阵 $\boldsymbol{A}_{n \times n}$ 为上三角矩阵，对于任何 $i < j$ 都有 $a_{ij} = 0$。上三角矩阵可表示为

$$\begin{pmatrix} a_{11} & a_{12} & \cdots & a_{1n} \\ & a_{22} & \cdots & a_{2n} \\ & & \ddots & \vdots \\ & & & a_{nn} \end{pmatrix}$$

同样可以定义下三角矩阵，对于任何 $i > j$ 都有 $a_{ij} = 0$。下三角矩阵可表示为

$$\begin{pmatrix} a_{11} & & & \\ a_{21} & a_{22} & & \\ \vdots & \vdots & \ddots & \\ a_{1n} & a_{2n} & \cdots & a_{nn} \end{pmatrix}$$

定理 17.16　如果 A 和 B 都是上三角矩阵，那么其乘积也是上三角矩阵；如果 A 和 B 都是下三角矩阵，那么其乘积也是下三角矩阵。

17.4　矩阵的逆

定理 17.17　对于矩阵 $A_{n \times n}$ 和 $B_{n \times n}$，有

$$|AB| = |A| \cdot |B|$$

证明

$$
\begin{aligned}
|AB| &= \sum_{\sigma} (-1)^{\sigma} c_{1\sigma(1)} c_{2\sigma(2)} \cdots c_{n\sigma(n)} \\
&= \sum_{\sigma} (-1)^{\sigma} \sum_{k_1 k_2 \cdots k_n} a_{1k_1} b_{k_1 \sigma(1)} a_{2k_2} b_{k_2 \sigma(2)} \cdots a_{nk_n} b_{k_n \sigma(n)} \\
&= \sum_{k_1 k_2 \cdots k_n} \sum_{\sigma} (-1)^{\sigma} a_{1k_1} a_{2k_2} \cdots a_{nk_n} b_{k_1 \sigma(1)} b_{k_2 \sigma(2)} \cdots b_{k_n \sigma(n)} \\
&= \sum_{k_1 k_2 \cdots k_n} a_{1k_1} a_{2k_2} \cdots a_{nk_n} \left(\sum_{\sigma} (-1)^{\sigma} b_{k_1 \sigma(1)} b_{k_2 \sigma(2)} \cdots b_{k_n \sigma(n)} \right) \\
&= |B| \sum_{k_1 k_2 \cdots k_n} (-1)^{\sigma(k_1 k_2 \cdots k_n)} a_{2k_2} \cdots a_{nk_n} \\
&= |A||B|
\end{aligned}
$$

证毕

定义 17.13　如果矩阵 A 存在逆矩阵 B，那么

$$AB = I$$

定理 17.18　矩阵 A 存在逆矩阵 B 的充分必要条件是 $|A| \neq 0$。

证明　定义

$$M_{ij} = (-1)^{i+j} A_{ij}$$

其中，A_{ij} 是代数余子式。定义伴随矩阵为

$$A^* = \begin{pmatrix} M_{11} & M_{21} & \cdots & M_{n1} \\ M_{12} & M_{22} & \cdots & M_{n2} \\ \vdots & \vdots & \ddots & \vdots \\ M_{1n} & M_{2n} & \cdots & M_{nn} \end{pmatrix}$$

则有 $AA^* = |A|I$，所以

$$A^{-1} = \frac{1}{|A|} A^*$$

证毕

定理 17.19　如果矩阵 A 存在逆矩阵 B，即 $AB = I$，那么还应该有 $BA = I$。

定理 17.20　关于逆矩阵，有以下几个性质：

(1) 如果 A 可逆，那么 A^{-1} 也必然可逆。

(2) 如果 A 和 B 都可逆，那么 $(AB)^{-1} = B^{-1}A^{-1}$。

(3) 如果 A 可逆，那么 A^{T} 也必然可逆，并且有 $(A^{\mathrm{T}})^{-1} = (A^{-1})^{\mathrm{T}}$.

定理 17.21　令 A_{ij}, B_{ij} 为分块矩阵，那么有

$$\begin{pmatrix} A_{11} & A_{12} \\ A_{21} & A_{22} \end{pmatrix} \begin{pmatrix} B_{11} & B_{12} \\ B_{21} & B_{22} \end{pmatrix} = \begin{pmatrix} C_{11} & C_{12} \\ C_{21} & C_{22} \end{pmatrix}$$

其中

$$C_{ij} = \sum_{k=1}^{2} A_{ik} B_{kj}$$

17.5　矩阵的初等变换

(1) 矩阵 A 的某一行乘以一个非零元素 k，可以用 PA 来表示，其中 P 是一个可逆矩阵。例如，第一行乘以 k，那么

$$P = \begin{pmatrix} k & 0 & \cdots & 0 \\ 0 & 1 & \cdots & 0 \\ \vdots & \vdots & \ddots & \vdots \\ 0 & 0 & \cdots & 1 \end{pmatrix}$$

(2) 矩阵 A 的两行对换，可以用 PA 来表示，其中 P 是一个可逆矩阵。例如，第一行和第二行对换，那么

$$P = \begin{pmatrix} 0 & 1 & \cdots & 0 \\ 1 & 0 & \cdots & 0 \\ \vdots & \vdots & \ddots & \vdots \\ 0 & 0 & \cdots & 1 \end{pmatrix}$$

(3) 矩阵 A 的一行乘以一个常数加到另外一行，可以用 PA 来表示，其中 P 是一个可逆矩阵。例如，把第一行乘以 k 加到第二行上，那么

$$P = \begin{pmatrix} 1 & 0 & \cdots & 0 \\ k & 1 & \cdots & 0 \\ \vdots & \vdots & \ddots & \vdots \\ 0 & 0 & \cdots & 1 \end{pmatrix}$$

(4) 矩阵 A 的某一列乘以一个非零元素 k，可以用 AQ 来表示，其中 Q 是一个可逆矩阵。

(5) 矩阵 A 的两列对换，可以用 AQ 来表示，其中 Q 是一个可逆矩阵。

(6) 矩阵 A 的一列乘以一个常数加到另外一列，可以用 AQ 来表示，其中 Q 是一个可逆矩阵。

定理 17.22　矩阵 $A_{m \times n}$ 可以通过初等变换变为下面的四种形式之一

$$I, \quad \begin{pmatrix} I & 0 \\ 0 & 0 \end{pmatrix}, \quad \begin{pmatrix} I \\ 0 \end{pmatrix}, \quad \begin{pmatrix} I & 0 \end{pmatrix}$$

定理 17.23　矩阵 $A_{n \times n}$ 可逆，当且仅当可以表示为若干初等变换矩阵的乘积。

定理 17.24　如果矩阵 $A_{n \times n}$ 不可逆，那么 $Ax = 0$ 一定有非零解。

证明　Cramer 法则仅仅表明，如果矩阵可逆，那么 $Ax = 0$ 一定没有非零解。但是当矩阵不可逆时，并不知道一定有非零解。所以这个问题无法从 Cramer 法则直接得到。根据初等变换的性质，矩阵 A 一定可以化成上面的标准形式，特别当 A 是方阵时，也一定是

$$I, \quad \begin{pmatrix} I & 0 \\ 0 & 0 \end{pmatrix}$$

的一种。显然不会是第一种，所以一定是第二种。现在

$$P \begin{pmatrix} I & 0 \\ 0 & 0 \end{pmatrix} Qx = 0$$

显然有非零解，从而得到证明。 证毕

定理 17.25 矩阵 $A_{m \times n}$ 有 $m < n$, 那么 $Ax = 0$ 一定有非零解。

证明 同样，根据初等变换的性质，矩阵 A 一定可以化成上面的标准形式，特别当 A 是方阵时，也一定是

$$I, \quad \begin{pmatrix} I & 0 \end{pmatrix}$$

的一种。显然不会是第一种，所以一定是第二种。现在

$$P \begin{pmatrix} I & 0 \end{pmatrix} Qx = 0$$

显然有非零解，从而得到证明。 证毕

17.6 伴随矩阵

在一个 $n \times n$ 的矩阵 A 中，把元素 a_{ij} 的代数余子式添加上 $(-1)^{i+j}$ 符号以后记为 A_{ij}, 并且定义一个新的矩阵

$$A^* = (A_{ij})^{\mathrm{T}}$$

称之为矩阵 A 的伴随矩阵。伴随矩阵和原来的矩阵 A 有密切的关系，其中最为重要的关系如下。

定理 17.26 已知一个 $n \times n$ 的矩阵 A, 如果 $|A| \neq 0$, 那么其伴随矩阵 A^* 应该满足关系

$$AA^* = |A|I$$

换言之，有

$$A^* = |A|A^{-1}$$

从而 A^* 也是可逆矩阵，其行列式的值为

$$|A^*| = |A|^{n-1}$$

而且其逆矩阵也满足

$$(A^*)^{-1} = \frac{1}{|A|}A$$

那么，伴随矩阵的伴随矩阵又是什么样子呢？根据上面的推导可知，伴随矩阵就是原来矩阵的逆矩阵乘以一个线性系数，当然，再取伴随矩阵也就很容易推导出来了。

$$(\boldsymbol{A}^*)^* = |\boldsymbol{A}^*|(\boldsymbol{A}^*)^{-1} = |\boldsymbol{A}|^{n-1}|\boldsymbol{A}|^{-1}\boldsymbol{A} = |\boldsymbol{A}|^{n-2}\boldsymbol{A}$$

上述推导都是在 $\boldsymbol{A}$ 为可逆矩阵时进行的，当 $\boldsymbol{A}$ 不可逆时，就不存在。一个自然的推论就是，一个可逆矩阵 $\boldsymbol{A}_{n \times n}$，如果 $|\boldsymbol{A}| = 1$，那么有

$$(\boldsymbol{A}^*)^* = \boldsymbol{A}$$

其中，$\boldsymbol{A}^*$ 表示 $\boldsymbol{A}$ 的伴随矩阵。

17.7　对于矩阵运算求导数

为了清楚地给前面一直用到的带着矩阵运算的公式求导数，这里特别叙述关于矩阵和向量运算的求导公式。首先从定义出发，矩阵 $\boldsymbol{A}, \boldsymbol{B}$ 满足

$$\mathrm{tr}(\boldsymbol{AB}) = \sum_{i,j} a_{ij} b_{ji}$$

令 $i = m, j = n$，可以发现

$$\frac{\partial}{\partial a_{mn}} \mathrm{tr}(\boldsymbol{AB}) = b_{nm}$$

这样就可以证明

$$\nabla_{\boldsymbol{A}} \mathrm{tr}(\boldsymbol{AB}) = \boldsymbol{B}^{\mathrm{T}}$$

类似有

$$\nabla_{\boldsymbol{A}} \mathrm{tr}\left(\boldsymbol{AB}^{\mathrm{T}}\right) = \boldsymbol{B}$$

下面来研究二次型的问题

$$\mathrm{tr}\left(\boldsymbol{ABA}^{\mathrm{T}}\right) = \sum_{i,j,k} a_{ij} b_{jk} a_{ik}$$

当对 a_{mn} 微分时，先令 $i = m, j = n$，再令 $i = m, k = n$。当 $i = m, j = n$ 时

$$\sum_{i,j,k} a_{ij} b_{jk} a_{ik} = \sum_{k} a_{mn} b_{nk} a_{mk} = a_{mn} \left(\boldsymbol{AB}^{\mathrm{T}}\right)_{mn}$$

当 $i = m, k = n$ 时

$$\sum_{i,j,k} a_{ij} b_{jk} a_{ik} = \sum_{j} a_{mj} b_{jn} a_{mn} = a_{mn} (\boldsymbol{AB})_{mn}$$

所以

$$\nabla_A \operatorname{tr}\left(\boldsymbol{ABA}^{\mathrm{T}}\right) = \boldsymbol{AB} + \boldsymbol{A}^{\mathrm{T}}\boldsymbol{B}$$

最后来检查一般情形

$$\operatorname{tr}\left(\boldsymbol{ABA}^{\mathrm{T}}\boldsymbol{C}\right) = \sum_{i,j,k,l} a_{ij} b_{jk} a_{lk} c_{li}$$

当对 a_{mn} 微分时, 先令 $i = m, j = n$, 再令 $l = m, k = n$。同样可以发现

$$\frac{\partial}{\partial a_{mn}} \operatorname{tr}\left(\boldsymbol{ABA}^{\mathrm{T}}\boldsymbol{C}\right) = (\boldsymbol{CAB})_{mn} + \left(\boldsymbol{C}^{\mathrm{T}}\boldsymbol{AB}^{\mathrm{T}}\right)_{mn}$$

这就证明了下面的公式

$$\nabla_A \operatorname{tr}\left(\boldsymbol{ABA}^{\mathrm{T}}\boldsymbol{C}\right) = \boldsymbol{CAB} + \boldsymbol{C}^{\mathrm{T}}\boldsymbol{AB}^{\mathrm{T}}$$

还有另外一个方面可以迅速看到为什么这是正确的。

$$\nabla_A \operatorname{tr}(\boldsymbol{AB}) = \boldsymbol{B}^{\mathrm{T}}, \nabla_A \operatorname{tr}\left(\boldsymbol{AB}^{\mathrm{T}}\right) = \boldsymbol{B}$$

当对 $\operatorname{tr}\left(\boldsymbol{ABA}^{\mathrm{T}}\right)$ 微分时, 使用微分乘法法则, 先对 $\boldsymbol{A}$ 微分, 其次对 $\boldsymbol{A}^{\mathrm{T}}$ 微分, 当对 $\boldsymbol{A}$ 微分时, 有 $\left(\boldsymbol{BA}^{\mathrm{T}}\right)^{\mathrm{T}} = \boldsymbol{AB}^{\mathrm{T}}$, 同时对 $\boldsymbol{A}^{\mathrm{T}}$ 微分以后, 有 $\boldsymbol{AB}$。这就解释了下面的结果

$$\nabla_A \operatorname{tr}\left(\boldsymbol{ABA}^{\mathrm{T}}\right) = \boldsymbol{AB} + \boldsymbol{A}^{\mathrm{T}}\boldsymbol{B}$$

同样的道理可以在 $\operatorname{tr}\left(\boldsymbol{ABA}^{\mathrm{T}}\boldsymbol{C}\right)$ 上使用。先对 $\boldsymbol{A}$ 微分, 得到 $\left(\boldsymbol{BA}^{\mathrm{T}}\boldsymbol{C}\right)^{\mathrm{T}} = \boldsymbol{C}^{\mathrm{T}}\boldsymbol{AB}^{\mathrm{T}}$。从另外一个方面, 改变次序得到

$$\operatorname{tr}\left(\boldsymbol{ABA}^{\mathrm{T}}\boldsymbol{C}\right) = \operatorname{tr}\left(\boldsymbol{CABA}^{\mathrm{T}}\right)$$

所以对 $\boldsymbol{A}^{\mathrm{T}}$ 微分, 得到 $\boldsymbol{CAB}$。这就证明了

$$\nabla_A \operatorname{tr}\left(\boldsymbol{ABA}^{\mathrm{T}}\boldsymbol{C}\right) = \boldsymbol{CAB} + \boldsymbol{C}^{\mathrm{T}}\boldsymbol{AB}^{\mathrm{T}}$$